"十三五"国家重点出版物出版规划项目

可靠性新技术丛书

国防科技图书出版基金

非高斯随机振动
疲劳分析与试验技术

Non-Gaussian Random Vibration
Fatigue Analysis and Test Technology

蒋　瑜　陶俊勇　程红伟　陈　循　著

国防工业出版社

·北京·

图书在版编目(CIP)数据

非高斯随机振动疲劳分析与试验技术/蒋瑜等著.—北京:国防工业出版社,2019.1(2021.4 重印)
(可靠性新技术丛书)
ISBN 978-7-118-11745-5

Ⅰ.①非… Ⅱ.①蒋… Ⅲ.①随机振动–振动疲劳–分析 ②随机振动–振动疲劳–实验 Ⅳ.①O324 ②O346.2

中国版本图书馆 CIP 数据核字(2018)第 292465 号

※

国防工业出版社出版发行
(北京市海淀区紫竹院南路 23 号　邮政编码 100048)
北京龙世杰印刷有限公司印刷
新华书店经售

*

开本 710×1000　1/16　印张 14¾　字数 250 千字
2021 年 4 月第 1 版第 2 次印刷　印数 1501—2500 册　定价 74.00 元

(本书如有印装错误,我社负责调换)

国防书店:(010)88540777　　书店传真:(010)88540776
发行业务:(010)88540717　　发行传真:(010)88540762

致 读 者

本书由中央军委装备发展部**国防科技图书出版基金**资助出版。

为了促进国防科技和武器装备发展,加强社会主义物质文明和精神文明建设,培养优秀科技人才,确保国防科技优秀图书的出版,原国防科工委于1988年初决定每年拨出专款,设立国防科技图书出版基金,成立评审委员会,扶持、审定出版国防科技优秀图书。这是一项具有深远意义的创举。

国防科技图书出版基金资助的对象是:

1. 在国防科学技术领域中,学术水平高,内容有创见,在学科上居领先地位的基础科学理论图书;在工程技术理论方面有突破的应用科学专著。

2. 学术思想新颖,内容具体、实用,对国防科技和武器装备发展具有较大推动作用的专著;密切结合国防现代化和武器装备现代化需要的高新技术内容的专著。

3. 有重要发展前景和有重大开拓使用价值,密切结合国防现代化和武器装备现代化需要的新工艺、新材料内容的专著。

4. 填补目前我国科技领域空白并具有军事应用前景的薄弱学科和边缘学科的科技图书。

国防科技图书出版基金评审委员会在中央军委装备发展部的领导下开展工作,负责掌握出版基金的使用方向,评审受理的图书选题,决定资助的图书选题和资助金额,以及决定中断或取消资助等。经评审给予资助的图书,由中央军委装备发展部国防工业出版社出版发行。

国防科技和武器装备发展已经取得了举世瞩目的成就,国防科技图书承担着记载和弘扬这些成就,积累和传播科技知识的使命。开展好评审工作,使有限的基金发挥出巨大的效能,需要不断摸索、认真总结和及时改进,更需要国防科技和武器装备建设战线广大科技工作者、专家、教授,以及社会各界朋友的热情支持。

让我们携起手来,为祖国昌盛、科技腾飞、出版繁荣而共同奋斗!

国防科技图书出版基金

评审委员会

可靠性新技术丛书

编审委员会

丛书序

可靠性理论与技术发源于20世纪50年代,在西方工业化先进国家得到了学术界、工业界广泛持续的关注,在理论、技术和实践上均取得了显著的成就。20世纪60年代,我国开始在学术界和电子、航天等工业领域关注可靠性理论研究和技术应用,但是由于众所周知的原因,这一时期进展并不顺利。直到20世纪80年代,国内才开始系统化地研究和应用可靠性理论与技术,但在发展初期,主要以引进吸收国外的成熟理论与技术进行转化应用为主,原创性的研究成果不多,这一局面直到20世纪90年代才开始逐渐转变。1995年以来,在航空航天及国防工业领域开始设立可靠性技术的国家级专项研究计划,标志着国内可靠性理论与技术研究的起步;2005年,以国家863计划为代表,开始在非军工领域设立可靠性技术专项研究计划;2010年以来,在国家自然科学基金的资助项目中,各领域的可靠性基础研究项目数量也大幅增加。同时,进入21世纪以来,在国内若干单位先后建立了国家级、省部级的可靠性技术重点实验室。上述工作全方位地推动了国内可靠性理论与技术研究工作。当然,在这一进程中,随着中国制造业的快速发展,特别是《中国制造2025》的颁布,中国正从制造大国向制造强国的目标迈进,在这一进程中,中国工业界对可靠性理论与技术的迫切需求也越来越强烈。工业界的需求与学术界的研究相互促进,使得国内可靠性理论与技术自主成果层出不穷,极大地丰富和充实了已有的可靠性理论与技术体系。

在上述背景下,我们组织编著了这套可靠性新技术丛书,以集中展示近5年国内可靠性技术领域最新的原创性研究和应用成果。在组织编著丛书过程中,坚持了以下几个原则:

一是**坚持原创**。丛书选题的征集,要求每一本图书反映的成果都要依托国家级科研项目或重大工程实践,确保图书内容反映理论、技术和应用创新成果,力求做到每一本图书达到专著或编著水平。

二是**体现科学**。丛书框架的设计,按照可靠性系统工程管理、可靠性设计与试验、故障诊断预测与维修决策、可靠性物理与失效分析4个板块组织丛书的选题,基本上反映了可靠性技术作为一门新兴交叉学科的主要内容,也能在一定时期内保证本套丛书的开放性。

三是**保证权威**。丛书作者的遴选,汇聚了一支由国内可靠性技术领域长江学者特聘教授、千人计划专家、国家杰出青年基金获得者、973项目首席科学家、国家级奖获得者、大型企业质量总师、首席可靠性专家等领衔的高水平作者队伍,这些高层次专家的加盟奠定了丛书的权威性地位。

四是**覆盖全面**。丛书选题内容不仅覆盖了航空航天、国防军工行业,还涉及了轨道交通、装备制造、通信网络等非军工行业。

这套丛书成功入选"十三五"国家重点出版物出版规划项目,主要著作同时获得国家科学技术学术著作出版基金、国防科技图书出版基金以及其他专项基金等的资助。为了保证这套丛书的出版质量,国防工业出版社专门成立了由总编辑挂帅的丛书出版工作领导小组和由可靠性领域权威专家组成的丛书编审委员会,从选题征集、大纲审定、初稿协调、终稿审查等若干环节设置评审点,依托领域专家逐一对入选丛书的创新性、实用性、协调性进行审查把关。

我们相信,本套丛书的出版将推动我国可靠性理论与技术的学术研究跃上一个新台阶,引领我国工业界可靠性技术应用的新方向,并最终为"中国制造2025"目标的实现做出积极的贡献。

康锐

2018 年 5 月 20 日

前言

振动引起的疲劳问题作为工程领域广泛存在的一个共性问题,严重危及重大装备及结构的安全可靠运行。振动试验是对航空、航天、机械、国防等领域中大型复杂装备和结构进行环境适应性、安全性、可靠性及寿命考核的重要手段。如何保证实验室进行的振动试验符合装备实际服役或运输振动环境,避免欠试验和过试验,为装备结构疲劳损伤分析与安全评定、疲劳可靠性分析与寿命评估提供可信的参考信息,已成为当前亟待解决的工程问题。

非高斯随机振动试验(Non-Gaussian Random Vibration Testing)是近年来发展的新型振动试验技术,是对传统高斯随机振动试验技术的发展与重大突破,能更真实全面地模拟装备经受的实际振动环境和更快速高效地激发结构疲劳缺陷以提高试验效率。

本专著针对非高斯随机振动试验技术领域的理论与方法问题开展讨论,集中了近年来国防科技大学可靠性实验室在该领域的重要研究成果,内容包括非高斯随机振动试验的理论、方法、设备和工程应用的典型案例。

全书共8章:第1章介绍基本概念以及非高斯随机振动试验的研究背景与需求,阐述国内外研究现状,介绍本专著针对的主要问题及内容安排;第2章开展国内外典型装备非高斯随机振动环境分析,并剖析非高斯振动相关的标准;第3章针对非高斯随机振动环境模拟问题,系统介绍两种频谱可控的非高斯振动信号生成与控制方法;第4章针对非高斯振动响应分析的需求,分别介绍单点和基础非高斯振动激励下应力响应计算方法;第5章针对非高斯随机振动疲劳寿命分析需求,介绍窄带和宽带非高斯随机疲劳损伤计算方法;第6章针对非高斯随机振动疲劳可靠性分析需求,分别介绍基于常幅疲劳试验和随机载荷试验的 P-S-N 曲线估计方法;第7章针对非高斯随机振动加速试验方法问题,介绍了超高斯随机振动加速模型及相应的试验策略与支撑工具,并给出在工程中取得成功应用的案例;第8章总结全书,并对非高斯随机振动相关的研究与应用发展进行展望。

本书力图理论联系实际,既注重对于非高斯随机振动试验这一新型技术领域的基本理论进行诠释,也注重对其试验方法及工程应用进行剖解,以开阔视野,启发思路。希望能为读者揭示这一新型试验技术的相关研究与工程应用前景,推动非高斯随机振动试验技术的进一步研究与工程应用的深入开展。

本书由蒋瑜副教授负责整体构思和统稿,陶俊勇教授、陈循教授负责审定。第1章、第2章、第3章、第7章、第8章由蒋瑜副教授撰写,第4章~第6章由程红伟博士撰写。本书的出版是集体智慧的结晶,感谢王得志博士、毛朝博士、于宗乐博士,以及范政伟硕士、刘雨满硕士、吴叶晨硕士等在读期间所做出的成效卓越的研究工作。特别感谢国防科技图书出版基金对本书出版的资助,以及国家自然科学基金(51875570、50905181)、国家重点研发计划(2017YFC0806302)和相关装备预研、技术基础项目的研究资助。感谢温熙森教授、康锐教授对本专著的建议。

限于水平,书中难免有不妥或错误之处,恳请读者指正。

作　者

2018 年 12 月

于国防科技大学智能科学学院

目录

Contents

第 1 章

绪　　论

1.1　基本概念与内涵

工程中的各种随机振动本质上是一种随机过程或随机信号,一般按照幅值概率密度分布特征将其分为高斯和非高斯两种类型。

1.1.1　高斯随机过程

高斯随机过程是指在任意时刻 t,随机过程 $X(t)$ 的幅值为随机变量且服从高斯分布(即正态分布),其概率密度函数(Probability Density Function,PDF)为

$$f(x,t) = \frac{1}{\sqrt{2\pi}\,\sigma(t)} \exp\left\{ -\frac{[x-\mu(t)]^2}{2\sigma^2(t)} \right\} \tag{1.1}$$

因为均值 $\mu(t)$ 和标准差 $\sigma(t)$ 是时间 t 的函数,所以概率密度函数也是时间 t 的函数。对于各态历经随机过程,均值 $\mu(t)$ 和方差 $\sigma(t)$ 不随时间变化,则幅值 PDF 可以表示为

$$f(x) = \frac{1}{\sqrt{2\pi}\,\sigma} \exp\left[-\frac{(x-\mu)^2}{2\sigma^2} \right] \tag{1.2}$$

如式(1.2)所示,各态历经高斯随机过程的幅值 PDF 由 μ 和 σ 完全确定。因为非零均值随机过程可以由零均值随机过程平移得到,所以通常将随机过程表示为零均值形式。标准化各态历经高斯随机过程的均值 $\mu=0$,标准差 $\sigma=1$。一般用功率谱密度(Power Spectral Density,PSD)$S(\omega)$(或 $S(f)$)来描述零均值随机过程的频域特征。根据帕斯瓦尔定理

$$\lim_{T\to\infty} \frac{1}{2T} \int_{-T}^{T} E[X^2(t)]\,\mathrm{d}t = E[X^2(t)] = \sigma^2 = \frac{1}{2\pi} \int_{-\infty}^{\infty} S_X(\omega)\,\mathrm{d}\omega \tag{1.3}$$

可以得出结论:PSD 能够完全确定零均值各态历经高斯随机过程的 PDF。

随机过程二阶以上的统计量称为高阶统计量。下式给出了高斯随机过程

高阶矩 m_k 的计算公式：

$$m_k = \begin{cases} [1 \times 3 \times 5 \times \cdots \times (k-1)] \sigma^k, & k = 2, 4, \cdots \\ 0, & k = 1, 3, \cdots \end{cases} \tag{1.4}$$

显然，高斯随机过程的高阶统计量均可由二阶矩 σ^2 计算得到，所以不包含有效统计信息。也就是说，仅 PSD 一个参数即可完全描述高斯随机振动信号。这也是目前国内外各种随机振动试验标准中均采用功率谱密度函数来描述试验剖面的原因。图 1-1(a)～(c) 所示分别是一典型高斯随机振动信号的 PSD、PDF 和时间历程信号，图 1-1(d) 超高斯随机振动信号。从其时域信号特征可以看出，高斯信号有 99.74% 的幅值分布在 ±3σ 内，这是高斯信号幅值分布的基本特征。

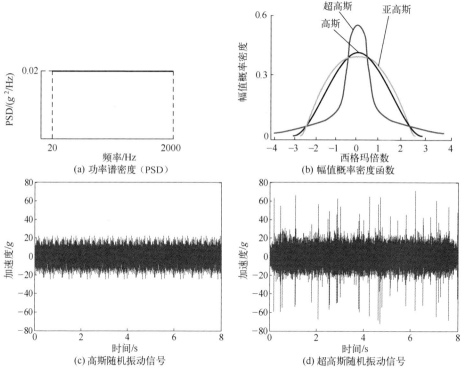

图 1-1　具有相同功率谱密度的高斯随机振动与超高斯随机振动信号

(注：图中 g 表示重力加速度，全书余同。)

1.1.2　非高斯随机过程

广义上讲，幅值不服从高斯分布的随机过程均称为非高斯随机过程，其中既包括具有确定 PDF 的随机过程，如对数正态分布、指数分布等，又包括没有确定 PDF 表达式的随机过程。装备服役环境中的非高斯随机振动属于后者，既不服从高斯分布,也难以找到确定的分布函数来对其幅值概率分布进行描述。

非高斯随机过程的二阶以上统计量往往包含有效统计信息。仅功率谱密度函数不能对非高斯随机振动进行完整描述,还需要借助二阶以上的高阶统计量进行补充描述。如图 1-1(c)和(d)所示具有相同功率谱密度和均方根的高斯和超高斯随机振动信号,却可以具有完全不同的时域特征,如图 1-1(b)所示两种信号的幅值概率密度函数就存在明显差异。二阶以上的矩和累积量是最常用的高阶统计量。工程上通常使用归一化的三阶矩和四阶矩,即偏斜度 γ_3 和峭度 γ_4 来定量表征随机过程 $X(t)$ 的非高斯特性

$$\begin{cases} \gamma_3 = \dfrac{m_3}{\sigma_X^3} = \dfrac{E[X^3(t)]}{\sigma_X^3} \\[3mm] \gamma_4 = \dfrac{m_4}{\sigma_X^4} = \dfrac{E[X^4(t)]}{\sigma_X^4} \end{cases} \tag{1.5}$$

非高斯随机过程的高阶矩和高阶累积量存在 M-C 关系[1](Moment to Cumulant Formula),该函数关系解释了高斯与非高斯随机过程在高阶统计量方面的差异。其中有关前四阶统计量的 M-C 公式为

$$\begin{cases} c_1 = m_1 \\ c_2 = m_2 - m_1^2 \\ c_3 = m_3 - 3m_1 m_2 + 2m_1^3 \\ c_4 = m_4 - 3m_2^2 - 4m_1 m_3 + 12m_1^2 m_2 - 6m_1^4 \end{cases} \tag{1.6}$$

其中 $c_i(i=1,2,3,4)$ 表示累积量。综合式(1.4)和式(1.6),可以看出:对于高斯随机过程,当 $i>2$ 时,累积量 $c_i = 0$;对于非高斯随机过程,当 $i>2$ 时,至少存在某一阶累积量满足 $c_i \neq 0$。进一步可以得出:高斯随机过程的偏斜度值等于 0 时,峭度值等于 3;非高斯随机过程的峭度值不等于 3 时,偏斜度值可以等于 0,也可以不等于 0。偏斜度用来描述随机过程幅值概率密度曲线偏离对称分布的程度,偏斜度值不为 0 表示服从非对称分布。峭度是描述随机过程幅值概率密度曲线拖尾分布特征的参数,它不仅可用来区分高斯和非高斯随机过程,还可进一步将非高斯随机过程区分为亚高斯和超高斯随机过程,其中亚高斯随机过程的 $\gamma_4 < 3$,超高斯随机过程的 $\gamma_4 > 3$。工程中常见的非高斯随机振动信号是具有尖峰分布的超高斯信号。高斯、超高斯和亚高斯 3 种信号的幅值概率密度函数特征如图 1-1(b)所示。

1.1.3　振动疲劳

振动疲劳与传统载荷引起的静疲劳具有显著区别,涉及结构动力学、随机

振动学以及疲劳断裂学等多个学科。虽然振动疲劳问题早在工程实际中广泛存在,但是有关振动疲劳的理论研究迄今仍然处于探索阶段,学术界和工程界对振动疲劳的理解还没有形成共识,甚至关于结构振动疲劳的定义和概念本身目前尚存在一定争议。1958 年 Crandall[2] 将随机振动理论应用于结构疲劳研究中,1963 年 Crandall 和 Mark[3] 首次把振动疲劳描述为振动载荷激励下产生的一种不可逆的具有损伤累积性质的振动强度破坏,但这一定义没有涉及振动疲劳现象的动力学本质。20 世纪 70 年代末,国内姚起杭等[4] 也提出了振动疲劳的概念。进入 21 世纪后,姚起杭和姚军[5] 再次发表论文建议将结构疲劳分为静态疲劳和振动疲劳两类问题进行研究,认为振动疲劳是结构受到重复载荷作用激起结构共振所导致的疲劳破坏。

1.2 研究现状

1.2.1 非高斯随机振动模拟

非高斯随机振动模拟本质上属于随机过程或随机信号模拟的范畴。一般来说,人们进行随机过程模拟时,根据随机过程的性质大体上可以分成平稳高斯随机过程、非平稳高斯随机过程、平稳非高斯随机过程和非平稳非高斯随机过程四类。早期随机过程的数值模拟研究主要集中在前两类,而后面两类尤其是非平稳非高斯随机过程的模拟研究甚少。

1. 平稳高斯随机过程模拟

平稳高斯随机过程的模拟方法可以分为谐波叠加法和线性滤波法两大类。前者基于三角级数求和,也称为频谱表示法,如谐波叠加(Constant Amplitude Wave Superposition,CAWS)法、加权振幅波叠加(Weighted Amplitude Wave Superposition,WAWS)法等;后者基于线性滤波技术也称为时间系列法,如状态空间法、自回归(Auto Regressive,AR)法、滑动平均(Moving Average,MA)法、自回归滑动平均(Auto Regressive Moving Average,ARMA)法等。

谐波叠加法采用以离散谱逼近目标随机过程的随机模型,算法简单直观,数学基础严密,适用于模拟任意指定谱特征的平稳高斯随机过程。谐波叠加法的基本概念出现在 1954 年,最初局限于模拟一维平稳过程。Shinozuka 和 Jan[6] 提出用 CAWS 法、WAWS 法模拟平稳随机场的一般理论,模拟多维或多变量均匀高斯随机过程。Iannuzzi 等[7] 采用 WAWS 法模拟脉动风速与边界层湍流等。Grigoriu[8] 采用谐波叠加法模拟平稳高斯随机过程,并讨论了所模拟随机过程的各态历经性。谐波叠加法在模拟多维随机过程时计算量极大,需用快速傅里叶变换(Fast Fourier Transformation,FFT)算法提高效率。

线性滤波法将均值为零的白噪声随机系列通过滤波器,使其输出为具有指定谱特征的随机过程。Mignolet 和 Spanos[9]采用 AR 线性系统模拟具有指定功率谱特征的二维随机场,并提出优化方法。Owen 等[10]采用 AR 时间系列建模方法模拟平稳随机风载荷,用于斜拉桥的风振响应分析。Samaras 等[11]采用 ARMA 模型模拟多变量平稳随机过程。Naganuma 等[12]用 ARMA 法模拟了单变量二维均匀高斯随机场,并推广至高维情形。线性滤波法计算量小、速度快,广泛用于随机振动和时序分析,但算法烦琐、精度差。因此,后来 Paola[13]提出结合这两类方法模拟平稳高斯随机过程。

2. 非平稳高斯随机过程模拟

非平稳高斯随机过程的模拟主要有以下几种方法:滤波法,即高斯或泊松过程调幅后滤波,或滤波后调幅;时域法,如 AR 模型;谱表示法;等等。其中简单高效并容易推广到多维、多变量情况的谱表示法是被广泛采用的方法之一。Shinozuka 和 Sato[14]将白噪声通过某一系统,在特定阶段引入非平稳特征来模拟非平稳高斯随机过程。Shinozuka 和 Jan[15]将谐波叠加法应用到模拟多维、多变量和非平稳高斯随机过程。Deodatis 和 Shinozuka[16]用 AR 方法模拟了单变量非平稳高斯随机过程。Li 和 Kareem[17]采用 FFT 方法模拟多重相关非平稳随机过程,可直接用于时程分析。Grigoriu[18]将三角级数和方法推广到模拟非平稳高斯随机过程。这些方法均假定非平稳随机过程可由平稳随机过程通过一实包络函数非平稳化而得到,而该实包络函数通常为时间的确定性函数。这样,非平稳随机过程的模拟均是先模拟平稳随机过程然后再利用包络函数非平稳化。采用包络函数非平稳化,方法简单,可以充分利用现有的平稳随机过程的模拟方法,但是由于包络函数实际上是起均匀调制作用,难以模拟频率随时间变化的这一类非平稳随机过程。例如,目前大坝工程抗震分析多采用幅值非平稳的人造地震输入时程,而实际地震过程兼具强随机性、幅值和频率非平稳特性,忽略后者会直接影响到大坝非线性动力分析结果。

3. 平稳非高斯随机过程模拟

平稳非高斯随机过程模拟的方法大致可分为 ARMA 法和 FFT 法两类。ARMA 法基于线性差分方程,计算简便。但 ARMA 法不能显示出在不规则区间上具有极大幅值脉冲信号的特征,因此不完全适合于模拟非高斯随机时间系列。Yamazaki 和 Shinozuka[19]通过 FFT 法或 ARMA 模型生成高斯时间系列,采用非线性静态变换(Non-linear Static Transform)的方法映射到非高斯样本函数,生成多维非高斯随机均匀场。Gurley 等[20]也提出一些模拟非高斯随机过程的方法,如静态转换(Static Transform)法、记忆性转换(Transform with Memory)法等,随后 Gurley 等[21]进一步改进为谱校正(Spectral Correction)模拟方法,可生成单变量、多变量非高斯随机过程,用来描述作用于建筑物顶的风速/压时程。Kumar 和 Stathopoulos[22]基于 FFT 方法模拟了单变量非高斯风压时程,用于大跨低矮屋盖的风振分析,同时也指出:可结合 FFT 法和 ARMA 模型模拟平稳非高斯随机过程。Grigoriu 等[23]和 Hang 等[24]回顾了平稳非高斯随机模拟的各种方法。Jiunn-Jong Wu[25]利用 FFT 和相位重构进行非高斯接触表面的模拟。Grigoriu[26]后来又提出了一种新的模拟平稳非高斯的参数变换模型。以上这些模拟方法:有的需要反复迭代使得功率谱密度接近目标值,但迭代算法的收敛性没有相关理论支持;有的需要对多样本的斜度和峭度求平均才能跟目标值较好吻合。近年来,非高斯随机过程的模拟也引起了部分国内学者的关注,如蒋瑜等[27-30]先后提出利用基于相位调制和时域随机化以及基于幅值调制和相位重构的非高斯随机信号生成方法。

4. 非平稳非高斯随机过程模拟

非平稳非高斯随机信号在统计意义上兼具非平稳和非高斯特性,在理论上缺乏有力的分析工具,因此当前有关非平稳非高斯随机信号模拟方法的研究还很少。Liang 等[31]提出了一种基于谱表示(Spectral Representation)的非平稳非高斯随机信号;Rouillard 等[32-34]提出了一种将具有不同均方根和时间长度的高斯随机过程组合,模拟生成服从指定的功率谱密度和均方根分布函数的非平稳非高斯信号的方法。然而,该方法只适合模拟幅值非平稳的非平稳非高斯随机信号。Wen 和 Gu[35]提出了基于希尔伯特-黄变换模拟地面震动信号的仿真方法,该方法能够生成频率和幅值均具有时变特性的非平稳非高斯随机过程。

本书重点探讨平稳非高斯随机振动疲劳分析与试验相关的技术,关于非平稳非高斯振动的研究将在后续专著中另行论述。

1.2.2 非高斯随机振动响应分析

结构在非高斯振动激励下的应力响应分析是研究非高斯随机疲劳损伤的重要环节。在不能直接测量的情况下,必须通过理论分析或仿真计算得到应力响应序列。关于高斯随机激励下的振动响应分析,已经有大量的理论方法和仿真结果,而结构在非高斯激励下的应力响应则研究较少。

Grigoriu[36]从理论角度出发研究了线性系统在非高斯 α 稳定过程(α-Stable Process)激励下的响应问题。但由于 α 稳定过程的特殊性,其研究结论并不适用于实际结构非高斯激励响应分析。之后,Grigoriu[37]进一步研究了线性和非线性系统在泊松(Poisson)白噪声激励下的响应问题。后来,Grigoriu 等[38,39]又深入研究了线性系统在平稳限带非高斯激励下的响应问题,逐渐把单纯的理论研究推向实际应用。总体上,Grigoriu 等对非高斯激励响应问题进行了大量的研究,但其理论研究结果离解决实际工程问题尚有一定的距离。

Steinwolf 等[40]通过数值模拟和试验方法研究了单自由度(Single Degree of Freedom,SDOF)线性系统在非高斯随机激励下的响应问题,分析了响应非高斯特性对激励信号非高斯特性的敏感程度。Krenk 和 Gluver[41]基于递归算法,求解线性系统在给定 PSD 的非高斯随机激励下的响应问题,研究结果显示响应的峭度与激励信号带宽、结构阻尼系数密切相关。Iyengar 和 Jaiswal[42]通过将非高斯过程表示为高斯过程多项式的形式,研究了非高斯激励下线性结构的响应问题。Rizzi 等[43]研究了非线性结构在高峭度非高斯激励下的响应特征。Gusella 和 Materazzi[44]研究了线性结构对非高斯风载荷的响应特性。Binh 等[45]研究了风力涡轮机塔结构在非高斯激励下的响应问题。Zeng 和 Zhu[46]基于通用 Fokker-Planck-Kolmogorov 等式从理论的角度研究了 n 维非线性动态系统在非高斯宽带随机激励下的动态响应问题。此外,Muscolino[47]、Mario 等[48]和 He 等[49]均对线性和非线性系统的非高斯激励响应问题进行了一定的研究。

综上所述,目前关于非高斯激励响应分析的研究大都针对单自由度系统或特殊对象,而针对连续结构的方法尚待进一步发展与完善。

1.2.3 非高斯随机振动疲劳损伤分析

1. 随机应力载荷循环计数方法研究现状

得到结构的随机应力载荷响应后,需要通过计数方法(Loading Cycle Counting Method)将连续应力过程离散为不同幅值的载荷循环序列。对于随机载荷引起的高周疲劳(High-Cycle-Fatigue,HCF),利用合理的载荷循环计数方法和线性疲劳累积损伤法则可以得到准确的估计结果,所以载荷循环计数显得尤为重要。

一般认为极值间的应力变化过程对疲劳损伤没有影响,所以定义一个载荷循环,只需确定其极大值和极小值。载荷循环可以表示为极值对 (P_k, V_k),其中 P_k 为峰值,V_k 为谷值(图 1-2)。随机载荷循环计数就是将随机载荷时间样本 $x(t)$ 离散为载荷循环序列 $\{(P_k, V_k) \mid k = 1, 2, \cdots\}$ 的过程。载荷循环的幅值 S_a 和均值 S_m 定义为

$$S_a = \frac{P_k - V_k}{2} > S_m = \frac{P_k + V_k}{2} \tag{1.7}$$

美国材料与试验协会(ASTM)和 Fuchs 等详细列举了多种随机载荷循环计数方法。不同方法的区别在于将随机载荷过程中的峰和谷组合成载荷循环的

法则不同。这里主要介绍目前比较常用的方法。根据随机载荷循环计数方法的特点,Atzori 和 Tovo[50]将载荷循环计数方法分为单参数法和双参数法两类。单参数方法仅通过幅值来定义载荷循环,如峰 – 谷 计 数 法 (Peak – Valley Counting,PVC)和水平穿越计数法(Level-Crossing Counting,LCC)。因为单参数法没有考虑载荷循环的均值,所以计算精度较低。

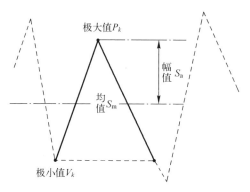

图 1-2 载荷循环示意图

相比之下,双参数法考虑了载荷循环的均值。常用的双参数方法有变程计数法(Range Counting,RC)[51]、变程对计数法(Range-Pairs Counting,RPC)[52]、Wetzel 方法[53]和雨流计数法(Rainflow Counting,RFC)[54-59]等。Benasciutti 通过示例给出了以上各种方法的计数过程和计数结果[52]。

Dowling[60]通过理论和试验研究对各种计数方法进行了对比,结果显示雨流计数法具有最高的精度。雨流计数法的理论依据在于其计数循环与材料应力-应变环一一对应[55]。雨流计数法最早由 Matsuishi 和 Endo 等提出,之后许多学者对其进行了改进和简化。目前,雨流计数法在随机载荷疲劳领域得到了广泛的应用。

2. 窄带随机载荷疲劳损伤计算研究现状

窄带随机载荷是指频率成分集中在较窄范围内的随机载荷。相对于宽带随机载荷而言,窄带随机载荷不仅频率成分单一,而且时间序列结构也相对简单,如图 1-3(a)所示。有关窄带随机载荷疲劳损伤计算的研究开展较早,按随机载荷的统计特性分为高斯和非高斯窄带疲劳损伤计算方法。

1)高斯窄带疲劳损伤计算方法

高斯窄带疲劳损伤计算方法的理论基础由 Rice[61]提出,随后 Bendat[62]引用 Rice 的理论来解决随机载荷疲劳损伤计算问题,提出了瑞利(Rayleigh)分布法。以 Rice 和 Bendat 的研究结果为基础,Wirsching 等[63]、Sobczyk 等[64]、

Bishop 等[65]、Crandall 等[3]和 Powell[66]对高斯窄带疲劳损伤计算方法开展了进一步的研究。

2）非高斯窄带疲劳损伤计算方法

非高斯窄带疲劳损伤计算问题比高斯情况复杂。人们为了解决非高斯窄带疲劳损伤问题提出了多种方法。其中 Winterstein[67,68]和 Kihl 等[69-71]通过非线性变换模型将高斯雨流幅值 PDF 转化为非高斯雨流幅值 PDF 来计算非高斯窄带疲劳损伤，该类方法计算量较大。徐建波等[72]、Yu 等[73]、Wang[74]和 Colombi 等[75]提出了非高斯修正因子法，通过对高斯疲劳损伤计算结果进行修正得到非高斯计算结果；这类方法计算简洁，但误差较大。除上述两类方法以外，Blevins[76]和 Braccesi[77]分别从不同的理论角度出发建立了非高斯窄带随机载荷疲劳损伤计算方法。

总之，关于高斯窄带随机载荷的疲劳损伤计算有相对成熟的方法。对于非高斯窄带随机载荷，非线性变换法计算过程复杂、缺乏理论依据；修正因子法计算误差较大。

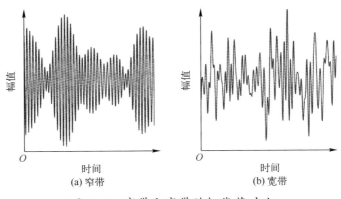

(a) 窄带 (b) 宽带

图 1-3 窄带和宽带随机载荷对比

3. 宽带随机载荷疲劳损伤计算研究现状

宽带随机载荷是指频率成分分布在较宽范围的随机载荷，如具有平直谱、双峰谱或多峰谱的随机载荷。宽带随机载荷的时域结构比窄带情况复杂得多，如图 1-3(b)所示。由于问题的复杂性和工程实际中的广泛存在性，宽带随机载荷疲劳损伤计算成为该领域研究的重点和难点。按随机载荷的统计特性将宽带随机载荷疲劳损伤计算分为高斯和非高斯两种情况。

1）高斯宽带疲劳损伤计算方法

高斯宽带疲劳损伤计算主要有时域法和频域法。Wirsching 等[78,79]和 Wu 等[80,81]基于时域样本序列的统计特征，使用韦布尔(Weibull)分布拟合雨流幅值分布函数,并计算高斯宽带随机载荷疲劳损伤。Roth[82]提出了基于非参数统计模型的高斯宽带雨流幅值分布函数拟合方法。Johannesson[83,84]基于时域序列和可尔可夫过程假设研究了高斯宽带随机载荷雨流矩阵的推断方法。

时域法虽然能一定程度上解决问题,但为了得到更稳定、准确的估计结果,人们开始研究通过频域数据来推导雨流幅值分布的解析表达式。Dirlik[85]通过理论分析和大量的仿真计算得到了高斯宽带雨流幅值分布函数,即Dirlik公式。Bishop[86]和Benasciutti等[87]分别验证了Dirlik公式的计算精度。在Dirlik工作的基础上,Bishop等[86]提出了具有一定理论基础的宽带雨流幅值分布计算模型。Tovo[88]在对比分析雨流计数法、峰值计数法和RC计数法的基础上,提出了基于仿真结果的Tovo模型。Wirsching和Light[79]提出了基于带宽修正因子的窄带近似法。在Wirsching-Light方法的基础上发展了多种基于带宽修正因子的方法[89-91]。Zhao和Baker[92]假设高斯宽带雨流分布函数是韦布尔分布和瑞利分布的组合形式,并提出了基于PSD数据来估计雨流分布参数的方法。王明珠[93]则假设高斯宽带雨流幅值服从组合韦布尔分布,并建立了相应的疲劳损伤计算方法。Sakai等[94]、Repetto[95]分别提出了双峰谱高斯过程的雨流幅值分布计算方法。Olagnon等[96]研究了多峰谱高斯随机载荷的雨流疲劳损伤计算方法。Benasciutti和Tovo[87]对常用的高斯宽带疲劳损伤计算方法进行了对比分析,结果显示Dirlik法、Tovo法和$\alpha^{0.75}$法具有较高的计算精度。

2)非高斯宽带疲劳损伤计算方法

时域法对于高斯和非高斯随机载荷差别不大,所以专门针对非高斯随机载荷的时域法并不多见。非高斯宽带随机载荷频域疲劳损伤计算方法主要有修正因子法和非线性变换法。

Wang[74]研究了海上结构在海浪激励下应力响应的非高斯特性,并提出了基于修正理论的非高斯宽带疲劳损伤计算方法。Bouyassy等[97]基于理论分析和数值仿真结果提出了一种非高斯修正参数法,Colombi等[75]和Casciati等[98]对该方法进行了分析和应用。Lutes等[99,100]提出了另一种修正因子的计算方法,目前该方法在工程中应用较多[101]。Wang和Sun[102,103]基于大量数据仿真结果研究了偏度和峭度对宽带非高斯随机载荷疲劳损伤的影响,建立了相应的修正方法。Gao和Moan[104]基于修正因子法研究了船舶系缆在非高斯随机载荷作用下的疲劳损伤特性。

对高斯随机过程进行非线性变换可以得到非高斯过程。因此,可以将高斯宽带雨流幅值PDF通过非线性变换得到非高斯雨流幅值PDF。目前最常用的非线性变换模型有Kihl模型[69-71]、W-H模型[105]和非参数模型[106]。Benasciutti和Tovo[107,108]分别利用Kihl模型和W-H模型建立了非高斯宽带随机载荷疲劳损伤计算方法。Rychlik 等[109,110] 和 Aberg 等[111] 运用非参数变换模型进行了非高斯宽带随机载荷疲劳损伤计算的相关研究。

总之,高斯宽带随机载荷有相对成熟的疲劳损伤计算方法;有关非高斯宽带随机载荷的理论和方法尚需进一步研究。

1.2.4　非高斯随机振动疲劳可靠性分析

对于工程实际问题,仅关注疲劳损伤的均值往往是不够的,很多情况下需要进一步研究疲劳损伤的不确定性和可靠性问题[112,113]。最初研究的是常幅载荷下的疲劳可靠性问题[114-118];在此基础上,人们研究了多级载荷作用下的疲劳可靠性问题[119-124]。近年来,随着疲劳损伤理论研究的深入,随机载荷疲劳可靠性问题开始得到广泛关注[125-135],大体上可以分为通用方法研究和具体对象研究。

在通用方法方面,Svensson[136] 指出了影响随机载荷疲劳损伤不确定性的五种因素:载荷的随机性、材料疲劳特性的随机性、结构的随机性、参数估计误差和模型本身误差。Tovo[88] 和 Liu 等[126] 分别将 Svensson 提出的上述 5 种不确定因素分为内因和外因,并建立了不同的随机载荷疲劳可靠性计算方法。另外,倪侃[125,137] 从时域数据出发,提出了基于二维 Miner 准则的随机载荷疲劳可靠性分析方法。以上 3 种方法的思路一致,即结合疲劳损伤不确定性的内因和外因建立可靠度计算模型。

在具体对象研究方面,Soares 和 Garbatov[131] 研究了船舶结构在随机载荷下的疲劳可靠性问题。龚顺风等[132] 分析了海上平台结构的随机载荷疲劳可靠性问题。梁红琴[135] 研究了货车车轴在随机载荷作用下的疲劳可靠性。针对具体对象的研究结论对于通用方法或其他对象的疲劳可靠性研究具有一定的参考和指导意义。

综上所述,随机载荷疲劳可靠性研究正处于发展阶段,通用理论方法研究较少,相关结论未得到充分验证;针对具体对象的方法适用范围有一定的局限性。

1.2.5　非高斯随机振动疲劳试验技术研究

振动疲劳试验技术是检验振动疲劳理论与方法正确性最直接有效的手段,在试验过程中也可能发现新问题和证实新理论。要在实验室进行振动疲劳试验,首先要具备相应的试验平台,其核心是复杂振动环境的模拟与控制技术。这里要特别指出的是,振动控制在工程中有两种完全不同的含义:一种是指减振,即对系统进行适当的控制让其产生的振动更小;另一种恰恰相反,是要让对象如振动台进行振动,对其进行控制,让其按照一定的规律进行振动,主要应用在振动试验领域。这里"振动控制"为第二种意思,即要让振动试验设备如振动台能够加载指定特性的振动激励信号。

由于传统观点习惯将实际的振动环境近似成高斯分布,因此激励信号的高斯性是国内外随机振动试验控制系统检定规程中的检定项目之一,例如我国《数字式电动振动试验系统检定规程》(JJG 948—1999)中就规定振动控制系统产生的随机信号应服从高斯分布。从技术实现的难度上来说,高斯随机振动的模拟与控制相对也比较容易。目前,国内外电动(电液)振动台所配套的振动控制系统一般都是实现对高斯随机振动激励信号的控制,而对非高斯随机振动激励的振动控制技术研究近年来才开始涉及。因此本书将针对非高斯随机振动信号的模拟与控制技术展开探讨,为后续开展实际的非高斯振动疲劳试验研究提供平台。

目前,常规的正弦和随机振动疲劳试验国内外开展的比较多。随着结构可靠性水平的提高,结构的振动疲劳寿命越来越长,为了能够在实验室验证其寿命是否达到要求,加速试验成为必然的选择,因此重点对振动疲劳加速试验技术的国内外研究现状进行分析。G. Allegri 等[138]研究了适用于平稳宽带高斯随机振动加速试验的逆幂律模型;Martin 等[139]研究了在振动疲劳加速试验中如何跟踪结构共振频率和阻尼的变化以实现全过程常幅值加载,但所用的载荷是正弦激励;G. J. Yun 等[140]开发设计了一套用于快速获取航空用铝合金材料疲劳特性曲线的高周共振疲劳加速试验闭环控制系统,所用的载荷也是正弦激励。Ashwini 等[141]研究了附着不同阻尼材料的铝合金梁在平稳高斯随机振动加速试验中的疲劳寿命差异,探讨了结构阻尼对振动试验加速因子的影响。王冬梅和谢劲松[142]对振动加速试验的逆幂律模型进行了推导,探讨了其适用范围,指出其适用于窄带高斯载荷,不适用于宽带高斯和非高斯载荷。李奇志和陈国平[143]提出通过试验的方式获得振动试验的加速因子,认为振动加速试验的逆幂律模型对平稳窄带和宽带高斯随机过程均是适用的。朱学旺等[144]应用基于窄带模型的修正方法得到了宽带随机振动试验加速因子计算的通用表达式,认为基于窄带模型的加速因子表达式对于比例载荷的宽带随机振动也是适用的,而对于非比例载荷,则需要应用其提出的通用表达式才可以获得。

综上所述,目前常规振动疲劳加速试验主要存在两个问题:①不关注激励到响应的传递过程,假设激励量级与响应量级呈比例关系;②忽略激励信号的统计特性,统一假设为高斯分布。但是,很多情况下装备经历的随机激励信号不服从高斯分布。因此,需要进一步针对非高斯随机振动激励,开展相应的振动疲劳加速试验理论和试验数据统计分析方法的研究[145,146]。

1.3 本书内容安排

1.3.1 针对的主要问题

本书集中了课题组从 2000 年以来在非高斯振动疲劳分析与试验技术领域的研究成果,针对的问题主要包括:

(1)非高斯随机振动环境分析与模拟问题。调研分析国内外典型装备存在的非高斯振动环境,并探讨如何在实验室准确模拟和复现上述非高斯振动环境。

(2)非高斯随机振动响应分析问题。随机激励作用下结构应力响应分析是进行疲劳损伤计算的前提。目前,关于非高斯激励响应分析的研究主要集中在理论层面和单自由度系统,不适用于工程实际中的连续结构。

(3)非高斯随机振动疲劳损伤计算与可靠性分析问题。非高斯宽带随机振动疲劳损伤计算有一定的研究基础,但是目前没有普遍认可的方法或模型,需要进一步研究精度高、普适性强的计算方法。现有的研究主要针对特定对象在常幅值载荷或多级载荷作用下的疲劳可靠性问题,如何有效综合结构疲劳特性的随机性和非高斯随机载荷的统计特性建立非高斯随机疲劳可靠性分析方法是亟待解决的问题。

(4)非高斯随机振动加速试验建模问题。传统随机振动加速试验主要用于快速激发产品缺陷,而针对振动应力尤其是非高斯振动激励的定量加速试验模型研究较少,难以满足装备研制过程中快速、准确评估振动疲劳失效敏感产品寿命及可靠度的工程需求。

1.3.2 内容安排

第 1 章绪论。介绍相关的基本概念,概述国内外相关研究现状,介绍本专著针对的主要问题及内容安排。

第 2 章非高斯随机振动环境分析。对国内外各类典型装备服役过程中存在的非高斯随机振动环境进行系统的调研分析,为开展后续研究奠定工程基础。

第 3 章非高斯随机振动环境模拟与控制技术。提出两种非高斯随机振动信号模拟与生成方法,以及相应的非高斯随机振动控制算法。

第 4 章非高斯随机振动响应分析。首先以典型结构为对象,开展非高斯单点激励响应分析和基础激励响应分析,确定激励特性对结构应力响应特性的影响,进而建立通用的非高斯响应分析过程。

第5章非高斯随机振动疲劳寿命分析。借鉴高斯窄带随机载荷疲劳寿命计算方法的思路,建立非高斯窄带随机载荷雨流疲劳损伤计算方法;通过将高斯混合(Gaussian Mixed Model,GMM)模型引入到频域,并结合 Dirlik 公式建立非高斯雨流幅值分布函数,进一步给出非高斯宽带随机载荷疲劳损伤计算公式。

第6章非高斯随机振动疲劳可靠性分析。首先将影响随机载荷疲劳损伤不确定性的因素分为外因和内因,其中外因为随机载荷引起的不确定性,内因则为材料或结构自身疲劳特性的随机性;然后综合外因和内因,建立随机载荷疲劳可靠度期望及置信区间的计算方法。

第7章非高斯随机振动加速试验方法研究。针对非高斯随机振动激励建立定量的振动疲劳加速试验模型,提出工程实用的振动疲劳加速试验方案和策略并进行案例验证。

第8章总结与展望。总结全书,对相关技术的进一步研究与发展进行展望。

参考文献

[1] Mendel J M. Tutorial on higher-order statistics (spectra) in signal processing and system theory:theoretical results and some applications[J]. Proceedings of the IEEE,1991,49(3): 278-305.

[2] Crandall S H. Random Vibration[M]. New York:Technology Press of MIT,1958.

[3] Crandall S H,Mark W D. Random Vibration in Mechanical Systems[M]. New York:Academic Press,1963.

[4] 姚起杭. 谈谈加速振动试验问题[J]. 航空标准与质量,1975,6:7-18.

[5] 姚起杭,姚军. 工程结构的振动疲劳问题[J]. 应用力学学报,2006,23(1):12-17.

[6] Shinozuka M,Jan C M. Digital simulation of random processes and its applications[J]. Journal of Sound & Vibration,1972,25(1):111-28.

[7] Iannuzzi A,Spinelli P. Artificial wind generation and structural response[J]. Journal of Structural Engineering,1987,113(12):2382-2398.

[8] Grigoriu M. On the spectral representation method in simulation[J]. Probabilistic Engineering Mechanics,1993,8(2):75-90.

[9] Mignolet M P,Spanos P D. Simulation of homogeneous two-dimensional random fields. Part II. MA and ARMA models[J]. Journal of Applied Mechanics,1992,59(2):260-277.

[10] Owen J S,Eccles B J,Choo B S,et al. The application of auto-regressive time series modelling for the time-frequency analysis of civil engineering structures[J]. Engineering

Structures,2001,23(5):521-536.

[11]　Samaras E,Shinozuka M,Tsurui A. ARMA Representation of Random Processes[J]. Journal of Engineering Mechanics,1985,111(3):449-461.

[12]　Naganuma T,Deodatis G,Shinozuka M. ARMA model for two-dimensional processes[J]. Journal of Engineering Mechanics,1987,113(2):234-251.

[13]　Paola M D. Digital simulation of wind field velocity[J]. Journal of Wind Engineering & Industrial Aerodynamics,1998,76(2):91-109.

[14]　Shinozuka M,Sato Y. Simulation of nonstationary random process[J]. Journal of the Engineering Mechanics Division,1967,93(1):11-40.

[15]　Shinozuka M,Jan C M. Digital simulation of random process and its application[J]. Journal of Sound and Vibration,1972,25(1):111-128.

[16]　Deodatis G,Shinozuka M. Auto regressive model for nonstationary stochastic processes[J]. Journal of Engineering Mechanics,1988,114(11):1995-2012.

[17]　Li Y,Kareem A. Simulation of multivariate nonstationary random process by FFT[J]. Journal of Engineering Mechanics,1991,117(5):1037-1058.

[18]　Grigoriu M. Simulation of nonstationary gaussian processes by random trigonometric polynomials[J]. Journal of Engineering Mechanics,1993,119(2):328-343.

[19]　Yamazaki F,Shinozuka M. Digital generation of non-Gaussian stochastic fields[J]. Journal of Engineering Mechanics,1988,114(7):1183-1197.

[20]　Gurley K R,Kareem A,Tognarelli M A. Simulation of a class of non-normal random processes[J]. International Journal of Non-Linear Mechanics,1996,31(5):601-617.

[21]　Gurley K R,Kareem A. Modelling and simulation of non-Gaussian processes[D]. South Bend:University of notre dame,1997.

[22]　Kumar K S,Stathopoulos T. Synthesis of non-Gaussian wind pressure time series on low building roofs[J]. Engineering Structures,1999,21(12):1086-1100.

[23]　Grigoriu M,Ditlevsen O,Arwade S R. A monte carlo simulation model for stationary non-Gaussian processes[J]. Probabilistic Engineering Mechanics,2003,18(1):87-95.

[24]　Hang C,Kanda J. Translation method:A historical review and its application to simulation of non-Gaussian stationary processes[J]. Wind & Structures An International Journal,2003,6(5):357-386.

[25]　Wu J J. Simulation of non-Gaussian surfaces with FFT[J]. Tribology International,2004,37(4):339-346.

[26]　Grigoriu M. Parametric translation models for stationary non-Gaussian processes and fields[J]. Journal of Sound & Vibration,2007,303(3-5):428-439.

[27]　蒋瑜,陈循,陶俊勇. 超高斯伪随机振动激励信号的生成技术[J]. 振动工程学报,2005,18(2):179-183.

[28]　蒋瑜,陈循,陶俊勇. 基于时域随机化的超高斯真随机驱动信号生成技术研究[J].

振动工程学报,2005,18(4):491-494.

[29] 蒋瑜,陈循,陶俊勇. 指定功率谱密度、偏斜度和峭度值下的非高斯随机过程数字模拟[J]. 系统仿真学报,2006,18(5):1127-1130.

[30] Jiang Yu. Simulation of non-Gaussian stochastic processes by amplitude modulation and phase reconstruction[J]. Wind and Structures,2014,18(6):693-715.

[31] Liang J W,Chaudhuri,et al. Simulation of nonstationary stochastic processes by spectral representation[J]. Journal of Engineering Mechanics,2007,133(6):616-627.

[32] Garcia-Romeu-Martinez M A,Rouillard V. On the statistical distribution of road vehicle vibrations[J]. Packaging Technology & Science,2011,24(8):451-467.

[33] Rouillard V,Sek M A. Statistical modelling of predicted non-stationary vehicle vibrations [J]. Packaging Technology & Science,2002,15(2):93-101.

[34] Rouillard V. Decomposing pavement surface profiles into a Gaussian sequence[J]. International Journal of Vehicle Systems Modelling & Testing,2009,4(5):288-305.

[35] Wen Y K,Gu P. HHT-based simulation of uniform hazard ground motions[J]. Advances in Adaptive Data Analysis,2009,1(1):71-87.

[36] Grigoriu M. Linear systems subject to non-Gaussian α-stable processes[J]. Probabilistic Engineering Mechanics,1995,10:23-34.

[37] Grigoriu M. Linear and nonlinear systems with non-Gaussian white noise input[J]. Probabilistic Engineering Mechanics,1995,10(3):171-179.

[38] Grigoriu M,Kafali C. Response of linear systems to stationary bandlimited non-Gaussian processes[J]. Probabilistic Engineering Mechanics,2007,22(4):353-361.

[39] Grigoriu M. Linear models for non-Gaussian processes and applications to linear random vibration[J]. Probabilistic Engineering Mechanics,2011,26(3):461-470.

[40] Steinwolf A,Ibrahim R A. Numerical and experimental studies of linear systems subjected to non-Gaussian random excitations[J]. Probabilistic Engineering Mechanics,1999,14 (4):289-299.

[41] Krenk S,Gluver H. An Algorithm for Moments of Response from Non-Normal Excitation of Linear Systems[M]. London:Elsevier,1988:181-195.

[42] Iyengar R N,Jaiswal O R. A new model for non-Gaussian random excitations[J]. Probabilistic Engineering Mechanics,1993,8(3-4):281-287.

[43] Rizzi S A,Przekp A,Turner Travis. On the Response of a Nonlinear Structure to High Kurtosis Non-Gaussian Random Loadings[R]. NASA,2013.

[44] Gusella V,Materazzi A L. Non-Gaussian along-wind response analysis in time and frequency domains[J]. Engineering Structures,2000,22(1):49-57.

[45] Binh L V,Ishihara T,Phuc P V,et al. A peak factor for non-Gaussian response analysis of wind turbine tower[J]. Journal of Wind Engineering & Industrial Aerodynamics,2008,96 (10-11):2217-2227.

[46] Zeng Y, Zhu W Q. Stochastic averaging of −dimensional non−linear dynamical systems subject to non−Gaussian wide−band random excitations[J]. International Journal of Non−Linear Mechanics, 2010, 45(5): 572−586.

[47] Muscolino G. Linear systems excited by polynomial forms of non − Gaussian filtered processes[J]. Probabilistic Engineering Mechanics, 1995, 10(1): 35−44.

[48] Mario D P, Sofi A. Linear and non−linear systems under sub−Gaussian (α−stable) Input [J]. Meccanica dei Materiali e delle Strutture, 2009, 1(1): 55−75.

[49] He J, Zhou Y J, Kou X J. First passage probability of structures under non−Gaussian stochastic behavior[J]. Journal of Shanghai Jiaotong University (Science), 2008, 13(4): 400−403.

[50] Atzori B, Tovo R. Counting methods for fatigue cycles: state of the art, problems and possible develops[J]. ATA Ingegneria Automobilistica, 1994, 47(4), 175−183.

[51] Dirlik T. Application of computers in fatigue analysis[D]. Coventry: The University of Warwick, 1985.

[52] Benasciutti D. Fatigue Analysis of random loadings[D]. Ferrara: University of Ferrara, 2004.

[53] Wetzel R M. A method of fatigue damage analysis[D]. Waterloo: University of Waterloo, 1971.

[54] Rychlik I. A new definition of the rainflow cycle counting method[J]. International Journal of Fatigue, 1987, 9: 119−121.

[55] Anthes R J. Modified rainflow counting keeping the load sequence [J]. International Journal of Fatigue, 1997, 19(7): 529−535.

[56] Downing S D, Socie D F. Simple rainflow counting algorithms[J]. International Journal of Fatigue, 1982, 4: 31−40.

[57] Glinka G, Kam J C P. Rainflow counting algorithm for very long stress histories[J]. International Journal of Fatigue, 1987, 9: 223−228.

[58] Hong N. A modified rainflow counting method[J]. International Journal of Fatigue, 1991, 13: 465−469.

[59] 高镇同, 熊俊江. 疲劳可靠性[M]. 北京: 北京航空航天大学出版社, 2000.

[60] Dowling N E. Fatigue life prediction for complex load versus time histories[J]. Journal of Engineering Materials and Technology, 1983, 105(3): 206−214.

[61] Rice S O. Mathematical Analysis of Random Noise[J]. Bell Labs Technical Journal, 1949, 23(3): 282−332.

[62] Bendat J S. Probability functions for random response: Prediction of peaks, fatigue damage and catastrophic failures[R]. Houston: NASA, 1964.

[63] Wirsching P H, Paez T L, Ortiz K. Random vibrations, theory and practice[M]. New York: Wiley−Interscience, 1995.

[64] Sobczyk K, Spencer J B F. Random fatigue from data to theory[M]. San Diego: Academic Press, 1992.

[65] Bishop N W M, Sherrat F. Fatigue life prediction for power spectral density data, Part 1: Traditional approaches[J]. Environmental Engineering, 1989, 2:11-29.

[66] Powell A. On the fatigue failure of structure due to vibrations excited by random pressure fields[J]. Journal of Acoustic Society American, 1958, 30:1130-1135.

[67] Winterstein S R. Non-normal responses and fatigue damage[J]. Journal of Engineering Mechanics-ASCE, 1985, 111(10):1291-1295.

[68] Winterstein S R. Moment-based hermite models of random vibration[D]. Lyngby: Department of Structural Engineering, Technical University of Denmark, 1987.

[69] Sarkani S, Kihl D P, Beach J E. Fatigue of welded joints under narrow-band non-Gaussian loadings[J]. Probabilistic Engineering Mechanics, 1994, 9:179-190.

[70] Kihl D P, Sarkani S, Beach J E. Stochastic fatigue damage accumulation under broadband loadings[J]. International Journal of Fatigue, 1995, 17(5):321-329.

[71] Sarkani S, Michaelov G, Kihl D P, et al. Fatigue of welded joints under wideband loadings [J]. Probabilistic Engineering Mechanics, 1996, 11:221-227.

[72] 徐建波,邓洪洲,王肇民. 考虑非高斯和宽带修正的桅杆风振疲劳分析[J]. 同济大学学报(自然科学版), 2004, 32(7):889-892.

[73] Yu L, Das P K, Barltrop N D P. A new look at the effect of bandwidth and non-normality of fatigue damage[J]. Fatigue Fract Engng Master Struct, 2004, 27:51-58.

[74] Wang J. Non-Gaussian stochastic dynamic response and fatigue of offshore structures[M]. Texas: Texas A&M University, 1992.

[75] Colombi P, Dolinski K. Fatigue lifetime of welded joints under random loading: Rainflow cycle vs. cycle sequence method[J]. Probabilistic Engineering Mechanics, 2001, 16:61-71.

[76] Blevins R D. Non-Gaussian narrow-band random fatigue[J]. Journal of Applied Mechanics, 2002, 69:317-324.

[77] Braccesi C, Cianetti F, Lori G, et al. The frequency domain approach in virtual fatigue estimation of non-linear systems: The problem of non-Gaussian states of stress[J]. International Journal of Fatigue, 2009, 31:766-775.

[78] Wirsching P H, Sheata A M. Fatigue under wide band random stresses using the rain-flow method[J]. Journal of Engineering Materials and Technology-ASME, 1977, 99:205-211.

[79] Wirsching P H, Light C L. Fatigue under wide band random stresses[J]. Journal of Struct Division-ASCE, 1980, 106(7):1593-1607.

[80] Wu W F, Huang T H. Prediction of fatigue damage and fatigue life under random loading [J]. International Journal of Pressure Vessels and Piping, 1993, 53:273-298.

[81] Wu W F, Liou H Y, Tse H C. Estimation of fatigue damage and fatigue life of components

under random loading[J]. International Journal of Pressure Vessels and Piping,1997,72: 243-249.

[82] Roth J S. Statistical modeling of rainflow histograms[D]. Illinois:University of Illinois at Urbana-Champaign,1998.

[83] Johannesson P. On Rainflow cycles and the distribution of the number of interval crossings by a markov chain[J]. Probabilistic Engineering Mechanics,2002,17:123-130.

[84] Johannesson P. Rainflow cycles for switching processes with markov structure[J]. Prob Engen Inf Sci,1998,12:143-175.

[85] Dirlik T. Application of computers in fatigue analysis[D]. Coventry:The University of Warwick,1985.

[86] Bishop N W M. The Use of frequency domain parameters to predict structural fatigue[D]. Coventry:University of Warwich,1988.

[87] Benasciutti D,Tovo R. Comparison of spectral methods for fatigue analysis of broad-band Gaussian random processes[J]. Probabilistic Engineering Mechanics,2006,21:287-299.

[88] Tovo R. On the Fatigue reliability evaluation of structural components under service loading [J]. International Journal of Fatigue,2001,23:587-598.

[89] Lutes L D,Corazao M,Hu S J,et al. Stochastic fatigue damage accumulation[J]. Journal of Structure Engineering-ASCE,1984,110(11):2585-2601.

[90] 伍义生. 随机载荷下疲劳损伤计算[J]. 机械科学与技术,1996,11:879-882.

[91] Rychlik I. On the narrow-band approximation for expected fatigue damage[J]. Probabilistic Engineering Mechanics,1993,8:1-4.

[92] Zhao W,Baker M J. On the probability density function of rainflow stress range for stationary Gaussian processes[J]. International Journal of Fatigue,1992,14(2):121-135.

[93] 王明珠. 结构振动疲劳寿命分析方法研究[J]. 南京:南京航空航天大学,2009.

[94] Sakai S,Okamura H. On the distribution of rainflow range for Gaussian random process with bimodal PSD[J]. JSME International Journal,1995,A38:440-445.

[95] Repetto M P. Cycle counting methods for Bi-modal stationary Gaussian processes[J]. Probabilistic Engineering Mechanics,2005,20:229-238.

[96] Olagnon M,Guede Z. Rainflow fatigue analysis for loads with multimodal power spectral densities[J]. Marine Structures,2008,21(2-3):160-176.

[97] Bouyassy V,Naboishi S M,Rackwitz R. Comparison of analytical counting methods for Gaussian process[J]. Struct Staf,1993,12:35-57.

[98] Casciati F,Colombi P. Fatigue crack propagation under environmental actions[R]. London,1998.

[99] Lutes L D,Corazao M,Hu S J,et al. Stochastic fatigue damage accumulation[J]. Journal of Structure Engineering-ASCE,1984,110(11):2585-2601.

[100] Lutes L D,Hu S L. Non-normal stochastic response of linear systems[J]. Journal of En-

gineering Mechanics,1986,112(2):127-141.

[101] 徐建波,邓洪洲,王肇民. 考虑非高斯和宽带修正的桅杆风振疲劳分析[J]. 同济大学学报(自然科学版),2004,32(7):889-892.

[102] Wang X,Sun J Q. Effect of skewness on fatigue life with mean stress correction[J]. Journal of Sound and Vibration,2005,282:1231-1237.

[103] Wang X,Sun J Q. Multi-stage regression fatigue analysis of non-Gaussian stress processes[J]. Journal of Sound and Vibration,2005,280:455-465.

[104] Gao Z,Moan T. Fatigue damage induced by non-Gaussian bimodal wave loading in mooring lines[J]. Applied Ocean Research,2007,29:45-54.

[105] Winterstein S R. Nonlinear vibration models for extremes and fatigue[J]. Journal of Engineering Mechanics,1988,114(10):1772-1790.

[106] Rychlik I,Johannesson P,Leadbetter M R. Modelling and statistical analysis of ocean-wave data using transformed Gaussian processes[J]. Marine Structures,1997,10:13-47.

[107] Benasciutti D,Tovo R. Fatigue life assessment in non-Gaussian random loadings[J]. International Journal of Fatigue,2006,28:733-746.

[108] Benasciutti D,Tovo R. Cycle distribution and fatigue damage assessment in broad-band non-Gaussian random processes[J]. Probabilistic Engineering Mechanics,2005,20:115-127.

[109] Rychlik I,Lindgren G,Lin Y K. Markov based correlations of damage cycles in Gaussian and non-Gaussian loads[J]. Probabilistic Engineering Mechanics,1995,10:103-115.

[110] Rychlik I,Gupta S. Rain-flow fatigue damage for transformed Gaussian loads[J]. International Journal of Fatigue,2007,29:406-420.

[111] Aberg S,Podgorski K,Rychlik I. Fatigue damage assessment for a spectral model of non-Gaussian random loads[J]. Probabilistic Engineering Mechanics,2009,24:608-617.

[112] Szerszen M M,Nowak A S,Laman J A. Fatigue reliability of steel bridge[J]. Journal of Constructional Steel Research,1999,52(1):83-92.

[113] Thies P R,Johanning L,Smith G H. Assessing mechanical loading regimes and fatigue life of marine power cables in marine energy applications[J]. Proc I Mech E Part O:Journal of Risk and Reliability,2012,226(1):18-32.

[114] Kececioghp D,Chester L B,Gardner E D. Sequential cumulative fatigue reliability [J]. Proceedings of Reliability and Maintenance Symposium,1974,3533-539.

[115] Kececioghp D. Reliability Analysis of mechanical components and systems[J]. Nuclear Engineering and Design,1972,19:259-290.

[116] Ni K,Gao Z. Constant amplitude fatigue strength and P-Sa-Sm-Nc surface family[J]. Chinese Journal of Aeronautics,1996,9(1):28-39.

[117] 高镇同. 疲劳应用统计学[M]. 北京:国防工业出版社,1986.

[118] Xiong J,Shenoi R A. Fatigue and Fracture Reliability Engineering [M]. London:

Springer,2011.

[119] 庄忠良,高德平,鲁启新. 含置信度叶片疲劳寿命可靠性试验技术[J]. 航空动力学报,1989,4(3):209-213.

[120] 倪侃,张圣坤. 变幅加载下疲劳可靠性分析[J]. 航空动力学报,1997,12(3):230-235.

[121] Smith C L,Chang J H,Rogers M H. Fatigue reliability analysis of dynamic components with variable loadings without monte-carlo simulation[C]//Proceedings of the American Helicopter Society 63rd Annual Forum,Virginia,2007.

[122] Audbur E,Thompson,Adams D O. A Computation Method for the Determination of Structural Reliability of Helicopter Components[C]//Proceedings of AHS Annual Forum,Montreal,1990.

[123] 郭盛杰,姚卫星. 结构元件疲劳可靠性估算的剩余寿命模型[J]. 南京航空航天大学学报,2003,35(1):25-29.

[124] 姚卫星,顾怡. 结构可靠性设计[M]. 北京:航空工业出版社,1997.

[125] 倪侃. 随机变幅加载下疲劳强度可靠性分析[J]. 上海交通大学学报,1996,30(2):23-29.

[126] Liu Y,Mahadevan S. Stochastic fatigue damage modeling under variable amplitude loading [J]. International Journal of Fatigue,2007,29:1149-1161.

[127] Gao T,Li A,Chen Y. Fatigue reliability analysis of steel bridge details based on field-monitored[C]//Proceedings of the 6th International Workshop on Advanced Smart Materials and Smart Structures Technology,Daejeon,2011.

[128] Sobczyk K,Perros K,Papadimitriou C. Fatigue reliability of multidimensional vibratory degrading systems under random loading[J]. Journal of Engineering Mechanics-ASCE,2010,136(2):179-188.

[129] Lange C H. Probabilistic fatigue methodology and wind turbine reliability[D]. Stanford:Stanford University,1996.

[130] 赵永翔,彭佳纯,杨冰,等. 考虑疲劳本构随机性的结构应力疲劳可靠性分析方法[J]. 机械工程学报,2006,42(12):36-41.

[131] Soares C G,Garbatov Y. Fatigue reliability of the ship hull girder accounting for inspection and repair[J]. Reliability Engineering and System Safety,1996,51:341-351.

[132] 龚顺风,何勇,金伟良. 海洋平台结构随机动力响应谱疲劳寿命可靠性分析[J]. 浙江大学学报,2007,41(1):12-17.

[133] Wang Q F,Li J J,Zhang S L. Structural fatigue reliability based on extension of random loads into interval variables[J]. International Journal of Computer Science,2013,10(1):448-453.

[134] 余建星,傅明炀,杨怿,等. 海底管道涡激振动疲劳可靠性分析[J]. 天津大学学报,2008,41(11):1321-1325.

[135] 梁红琴. 随机载荷作用下的货车车轴疲劳可靠性研究[D]. 重庆:西南交通大学, 2004.

[136] Svensson T. Prediction Uncertainties at Variable Amplitude Fatigue[J]. International Journal of Fatigue,1997,19(93):295-302.

[137] 倪侃. 结构疲劳可靠性二维概率 Miner 准则及其应用[D]. 北京:北京航空航天大学,1994.

[138] Allegri G,Zhang X. On the inverse power laws for accelerated random fatigue testing[J]. International Journal of Fatigue,2008,30:967-977.

[139] Martin C,Janko S,Miha B. Uninterrupted and accelerated vibrational fatigue testing with simultaneous monitoring of the natural frequency and damping[J]. Journal of Sound and Vibration,2012,331:5370-5382.

[140] Yun G J,Abdullah A B M,Binienda W. Development of a Closed-Loop High-Cycle Resonant Fatigue Testing System[J]. Experimental Mechanics,2012,52(3):275-288.

[141] Ashwini P,Abhijit G,Guru R K. Fatigue failure in random vibration and accelerated testing[J]. Journal of Vibration and Control,2012,18(8):1199-1206.

[142] 王冬梅,谢劲松. 随机振动试验加速因子的计算方法[J]. 环境技术,2010,28(2):47-51.

[143] 李奇志,陈国平,王明旭,等. 振动加速因子试验方法研究[J]. 振动、测试与诊断,2013,33(1):35-39.

[144] 朱学旺,张思箭,宁佐贵,等. 宽带随机振动试验条件的加速因子[J]. 环境技术,2014,6:17-20.

[145] Yu Jiang,GunJin Yun,Li Zhao,et al. Experimental design and validation of an accelerated random vibration fatigue testing methodology[J]. Shock and Vibration,2015,3:13.

[146] Yu Jiang,Junyong Tao,Yunan Zhang,et al. Fatigue life prediction model for accelerated testing of electronic components under non-Gaussian random vibration excitations[J]. Microelectronics Reliability,2016,9(64):120-124.

第 2 章

非高斯随机振动环境分析

2.1　概　　述

车辆、飞机、舰船和海上平台等装备或系统中存在大量承受随机交变载荷的机械结构。在系统运行或使用过程中,这些机械结构所经受的交变载荷大都是随机过程。通常都是基于高斯假设来处理机械结构的随机交变载荷。但是,随着对装备工作环境研究的深入,发现很多情况下的随机载荷不服从高斯分布,而为非高斯随机载荷中的超高斯随机载荷,如车辆结构在不平整路面所经受的载荷、舰船结构或海上平台结构在海浪作用下经历的随机载荷、机翼蒙皮材料在扰动边界层作用下所承受的随机载荷等。本章对国内外部分装备的非高斯振动环境及相关标准进行调研分析,以证实开展非高斯随机振动疲劳分析与试验技术研究的必要性。

2.2　国外装备超高斯振动环境分析

2.2.1　国外轮式车辆振动环境分析

澳大利亚学者 Vincent Rouillard[1, 2]对轮式车辆的超高斯振动信号进行了大量的测试和分析,如图 2-1 所示。

图 2-1 给出的是一段轮式车辆长达 2000 多秒的实测振动数据,局部来看振动数据为非平稳随机信号,但对于车辆振动信号而言,长时间来看可以认为其是平稳随机振动信号。该非高斯随机振动信号序列的峭度值为 9.7,其幅值概率密度曲线具有明显的"尖峰""拖尾"等超高斯分布特征。

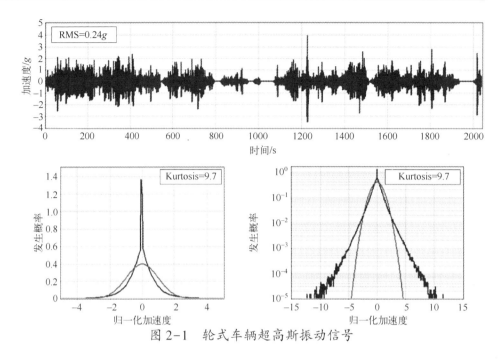

图 2-1　轮式车辆超高斯振动信号

2.2.2　非高斯振动环境相关的国外标准分析

英国国防部标准《国防装备环境手册》第五部分"诱发机械环境"[3]中指出:公路车辆载货平台在运输过程中所经历的振动,其特点可以描述为宽带随机振动,却常常与高斯振幅分布不符。如图 2-2 所示的振动数据来自一辆在起伏路面上行驶的 4t 卡车的载货平台(垂直轴),该实测振动信号的振幅概率密度数据与具有相同均方根值的高斯信号的概率密度分布相比存在显著差异。可以看出实测振动信号序列具有明显的超高斯特性,其高振幅所占的比例较高,代表着更大的破坏潜力。这种和高斯信号不同的非等效性造成实验室振动试验的困难,因为目前实验室所使用的振动控制器都是高斯随机信号发生器。

美军对装备的"环境效应"非常重视,《美国国防部核心技术计划》将其列入 11 项关键技术之一。美国陆军战斗试验机构(U. S. Army Combat System Test Activity)对军用卡车和拖车行进过程中的实测振动信号进行了综合统计分析,指出军用车辆的振动信号具有显著的非高斯特性。因此,最新颁布的美国军标《环境工程考虑与实验室试验》(MIL-STD-810G)[4]要求关注各类装备服役条件下随机载荷的非高斯特性,并要求实验室进行的随机振动试验应该尽量复现与实测振动环境相同的特性,对振动试验设备提出了能够模拟再现装备非高斯振动环境的需求。如 MIL-STD-810G 在 4.2.2.1 Acceleration spectral density 一

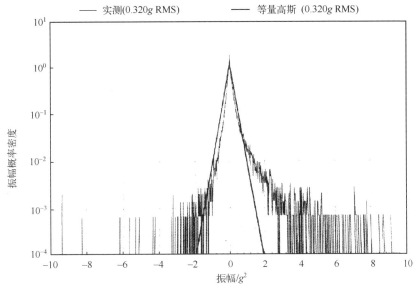

图 2-2　实测的振幅概率密度数据与相同 gRMS 值的等值高斯数据的比较

节中专门指出:"Carefully examine field measured response probability density information for non-Gaussian behavior. In particular, determine the relationship between the measured field response data and the laboratory replicated data relative to 3σ peak limiting that may be introduced in the laboratory test."在 2.3.1 Random vibration 一节中也说明:"Most commercially available vibration control systems assume that the acceleration amplitude has a normal (Gaussian) distribution. Other amplitude distributions may be appropriate in specific cases. Ensure that test and analysis hardware and software are appropriate when non-Gaussian distributions are encountered (refer to Method 525)."在 4.5.2 Pretest checkout 一节中也有特别说明:"c. Amplitude error. For stationary random data, generally the amplitude distribution is assumed to be Gaussian. However, for in-service measured data, the distribution may be non-Gaussian-particularly for high-level maneuver events. The test setup should check the test item amplitude distribution to assure that it matches the in-service measured amplitude distribution. This means that particular care must be given to inherent shaker control system amplitude limiting; e. g. , 3σ clipping. For replication of a given auto-spectral density estimate with Gaussian amplitude distribution, ensure the shaker control system truncation is at a value greater than three times the RMS level (because of the long test durations it is important to have accelerations that exceed three times the RMS level). In general, to replicate an auto-

25

spectral density estimate with a non‑Gaussian amplitude distribution, specialized shaker control system software is required.".

此外,2010 年 5 月发布的铁路运输振动试验方法 IEC 61373:2010[5],也要求实验室进行的随机振动试验能够更加真实地模拟铁路产品的运行环境,以激发产品的各种潜在故障。

2.3 国内装备非高斯振动环境分析

2.3.1 机载装备非高斯振动环境

为研究飞机服役振动环境的非高斯特性,针对某型飞机上的 12 个位置和 16 个测点(X、Y 方向)的振动数据进行采集分析。在飞行过程中,对每个测点采集了 614s 的振动数据,采样频率 F_s = 5120Hz。通过 Matlab 程序对这些振动数据进行处理和分析,得出结论:飞行过程机身某些部位(如设备舱)存在大量的平稳超高斯和非平稳超高斯振动时段,在飞机做出大机动动作时,振动信号的高峭度特点尤为明显。下面通过图表的形式给出其中 4 个典型测点具体的分析结果。

1. 雷达舱前部 Y 向振动信号

如图 2‑3 所示,雷达舱前部 Y 向振动序列在 614s 时间内具有明显的非平稳

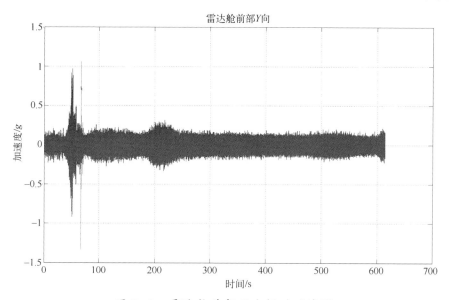

图 2‑3　雷达舱前部 Y 向振动时域图

特性,在 50~70s 阶段出现了振动量级的局部加强。将长度为 614s 的时间序列按顺序进行分割,得到每段持续时间为 6s 的子序列(多余部分舍弃),对这些子序列进行统计分析,提取出峭度值大于 3.1 的子序列(表 2-1)。

表 2-1 给出了雷达舱前部 Y 向振动子序列的统计结果,共有 8 个子序列的峭度大于 3.1,其中平稳超高斯子序列 2 个:6~12s、30~36s;其余为非平稳超高斯序列。

表 2-1　雷达舱前部 Y 向超高斯子序列统计结果

子序列	平稳性检验			峭度	偏斜度	均方根值（RMS）	方差（VAR）
	显著度	分段数	平稳性				
6~12s	0.1	100	平稳	3.4163	−0.0165	0.0503	0.0025
24~30s	0.1	100	非平稳	3.1799	−0.0947	0.05	0.0025
30~36s	0.1	100	平稳	3.3074	0.1523	0.0456	0.0021
36~42s	0.1	100	非平稳	3.2245	−0.0395	0.049	0.0024
42~48s	0.1	100	非平稳	3.4368	−0.0223	0.1297	0.0168
48~54s	0.1	100	非平稳	3.3136	−0.0541	0.2287	0.0523
54~60s	0.1	100	非平稳	3.7755	0.0779	0.1283	0.0165
66~72s	0.1	100	非平稳	24.9109	−0.5807	0.0883	0.0078

图 2-4(a)~(c)给出 6~12s 子序列的时域图、功率谱密度和幅值概率密分布曲线。通过表 2-1 的统计结果和图 2-4(a),可以看出 6~12s 子序列是平稳的。图 2-4(b)给出了 6~12s 子序列的功率谱,可以看出振动的能量主要集中在 100Hz 以下的低频部分。图 2-4(c)是该子序列的幅值概率密度分布曲线,峭度

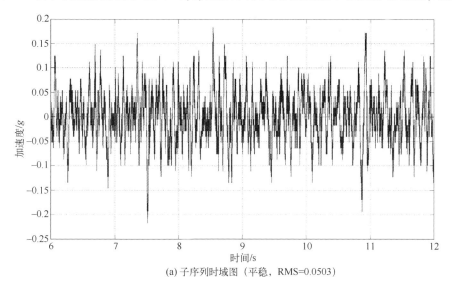

(a) 子序列时域图（平稳，RMS=0.0503）

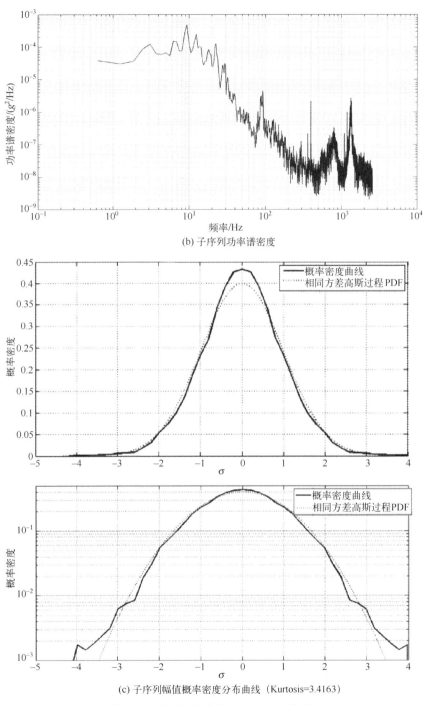

(b) 子序列功率谱密度

(c) 子序列幅值概率密度分布曲线（Kurtosis=3.4163）

图 2-4 雷达舱前部 6~12s 子序列

值为3.4721(高斯过程为3),呈现出一定的"高尖峰、长拖尾"特征(实线:子序列的 PDF 曲线;虚线:相同均方根值高斯过程的 PDF 曲线)。

2. 雷达舱中部 *Y* 向振动信号

如图 2-5 所示,雷达舱中部 *Y* 向振动信号在 614s 时间内具有明显的非平稳特性,在 50~70s 阶段出现了振动量级的加强。长度为 614s 的时间序列按顺序进行分割,得到每段持续时间为 6s 的子序列(多余部分舍弃),对这些子序列进行统计分析,提取出峭度值大于 3.1 的子序列(表 2-2)。

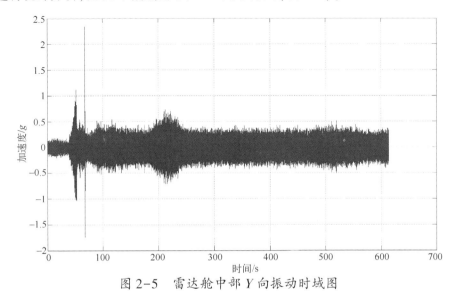

图 2-5　雷达舱中部 *Y* 向振动时域图

表 2-2 给出了雷达舱中部 *Y* 向振动子序列的统计结果,共有 9 个子序列峭度大于 3.1,其中平稳超高斯子序列 4 个;其余为非平稳超高斯序列。

表 2-2　雷达舱中部 *Y* 向超高斯子序列统计结果

子序列	平稳性检验			峭度	偏斜度	RMS	VAR
	显著度	分段数	平稳性				
36~42s	0.1	100	非平稳	3.8198	−0.0538	0.0549	0.003
42~48s	0.1	100	非平稳	3.5054	0.0342	0.142	0.0202
48~54s	0.1	100	非平稳	3.3519	0.0004	0.2634	0.0694
54~60s	0.1	100	平稳	3.5121	0.0488	0.1182	0.014
66~72s	0.1	100	非平稳	55.7641	1.3619	0.1268	0.0161
162~168s	0.1	100	平稳	3.2052	0.0229	0.0955	0.0091
444~450s	0.1	100	平稳	3.1332	0.0139	0.0981	0.0096
504~510s	0.1	100	非平稳	3.1683	−0.0019	0.1029	0.0106
516~522s	0.1	100	平稳	3.1385	0.0116	0.1057	0.0112

图 2-6(a)～(c)给出 54~60s 子序列的时域图、功率谱密度和幅值概率密度分布曲线。通过表 2-2 的统计结果和图 2-6(a)，可以看出 54~60s 子序列总体上是平稳的。图 2-6(b)给出了该子序列的功率谱密度，其能量主要集中在 100Hz 以下的低频部分，500Hz 附近出现较小峰值。图 2-6(c)是该子序列的幅值概率密度分布曲线，峭度值为 3.5121，呈现出一定的"高尖峰、长拖尾"特征。

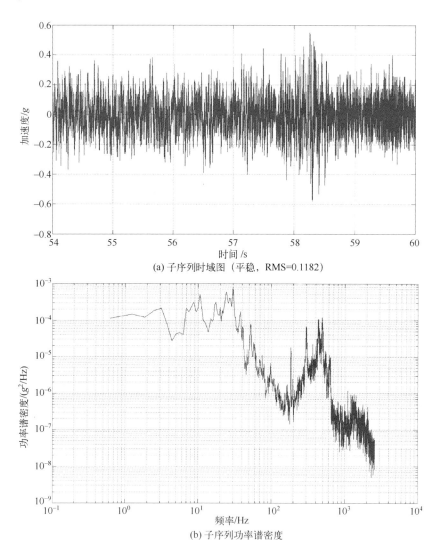

(a) 子序列时域图（平稳，RMS=0.1182）

(b) 子序列功率谱密度

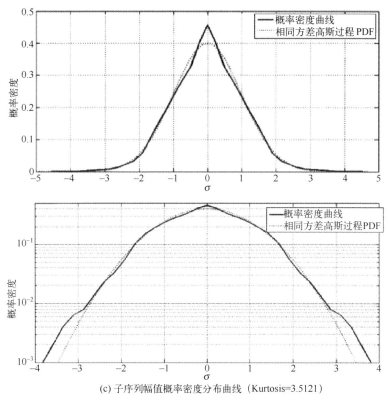

(c) 子序列幅值概率密度分布曲线（Kurtosis=3.5121）

图 2-6 雷达舱中部 Y 向 54~60s 子序列

3. 前设备舱下部 Y 向振动信号

如图 2-7 所示,前设备舱下部 Y 向振动序列在 614s 时间内具有明显的非平稳特性,在 50~70s、200~230s 阶段出现了振动量级的局部加强。将长度为 614s 的时间序列按顺序进行分割,得到每段持续时间为 6s 的子序列（多余部分舍弃）。对这些子序列进行分析,提取出峭度值大于 3.1 的子序列（表 2-3）。

表 2-3 给出了前设备舱下部 Y 向振动子序列振动信号的统计结果,共有 14 个子序列峭度大于 3.1,其中平稳超高斯子序列 7 个;其余为非平稳、超高斯序列。

表 2-3 前设备舱下部 Y 向振动子序列振动信号的统计结果

子序列	平稳性检验			峭度	偏斜度	RMS	VAR
	显著度	分段数	平稳性				
0~6s	0.1	100	非平稳	3.1112	−0.0356	0.0613	0.0038

（续）

子序列	平稳性检验			峭度	偏斜度	RMS	VAR
	显著度	分段数	平稳性				
6~12s	0.1	100	平稳	5.052	0.0401	0.0563	0.0032
12~18s	0.1	100	非平稳	4.7773	-0.0328	0.0595	0.0035
18~24s	0.1	100	平稳	3.196	-0.0285	0.0535	0.0029
24~30s	0.1	100	非平稳	3.7296	0.0327	0.0555	0.0031
30~36s	0.1	100	平稳	3.7886	0.0345	0.0526	0.0028
36~42s	0.1	100	非平稳	5.8462	0.0235	0.1058	0.0112
42~48s	0.1	100	非平稳	3.976	0.0602	0.2249	0.0506
48~54s	0.1	100	平稳	4.3237	-0.0096	0.348	0.1211
54~60s	0.1	100	非平稳	4.6096	0.0022	0.2471	0.0611
60~66s	0.1	100	平稳	3.386	0.0093	0.3556	0.1265
66~72s	0.1	100	非平稳	19.8385	-0.0143	0.2138	0.0457
390~396s	0.1	100	平稳	3.1119	-0.0003	0.1986	0.0394
468~474s	0.1	100	平稳	3.1235	0.0109	0.1958	0.0383

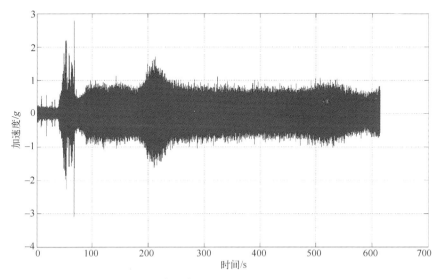

图 2-7　前设备舱下部 Y 向振动时域图

图 2-8(a)~(c)给出 6~12s 子序列的时域图、功率谱密度和幅值概率密度分布。从时域图可以看出该子序列是平稳的。图 2-8(b)给出了该子序列的功率谱密度,其振动的能量主要分布在 100Hz 以下的低频部分。图 2-8(c)是该子序列的幅值概率密度分布曲线,峭度值为 5.0520,呈现出明显的"高尖峰、长拖尾"特征。

图 2-9(a)~(c)给出 48~54s 子序列的时域图、功率谱密度和幅值概率密度分布。图 2-9(b)给出了该子序列的功率谱密度,其振动的能量分布范围比较广。图 2-9(c)是该子序列的幅值概率密度分布曲线,峭度值为 4.3237,呈现出一定的"高尖峰、长拖尾"特征。

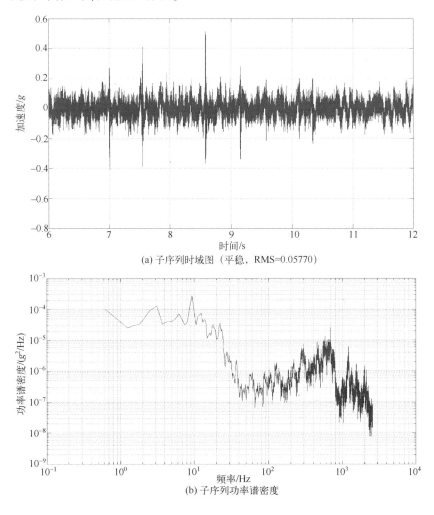

(a) 子序列时域图（平稳，RMS=0.05770）

(b) 子序列功率谱密度

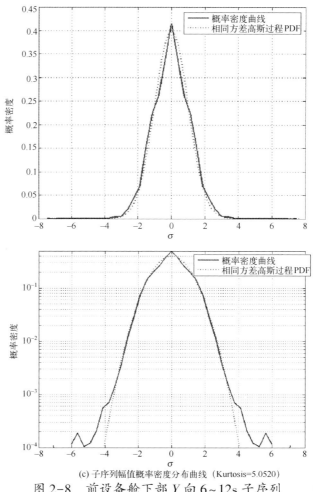

(c) 子序列幅值概率密度分布曲线（Kurtosis=5.0520）

图 2-8　前设备舱下部 Y 向 6~12s 子序列

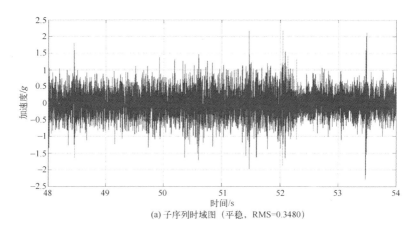

(a) 子序列时域图（平稳，RMS=0.3480）

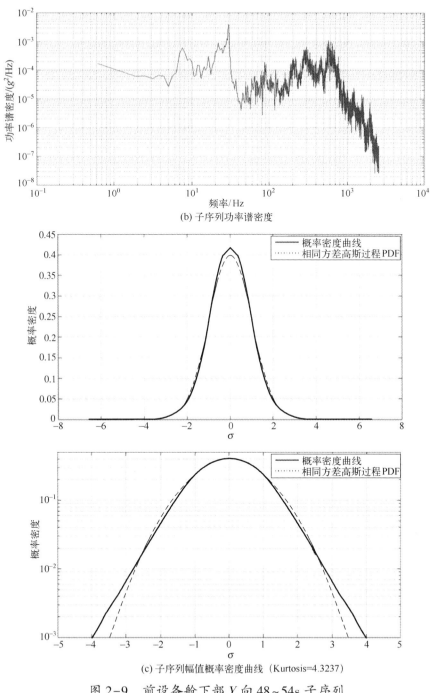

(b) 子序列功率谱密度

(c) 子序列幅值概率密度曲线（Kurtosis=4.3237）

图 2-9　前设备舱下部 Y 向 48~54s 子序列

图 2-10(a)~(c)给出 66~72s 子序列的时域图、功率谱密度和幅值概率密度分布曲线。从时域图 2-10(a)来看该子序列是非平稳的。图 2-10(b)给出了该子序列的"功率谱密度"(因其非平稳特性)。图 2-10(c)是该子序列的幅值概率密度分布曲线,峭度值为 19.8385,呈现出明显的"高尖峰、长拖尾"特征。

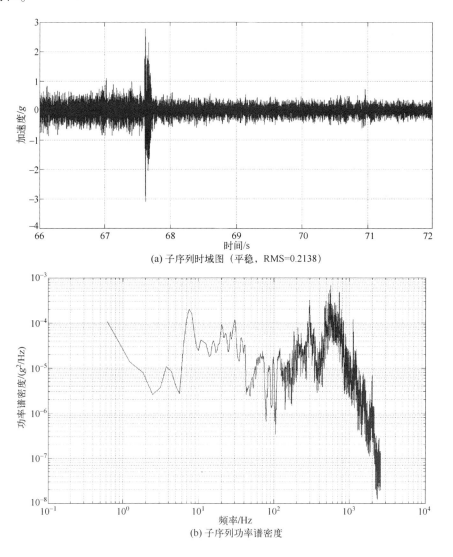

(a) 子序列时域图(平稳,RMS=0.2138)

(b) 子序列功率谱密度

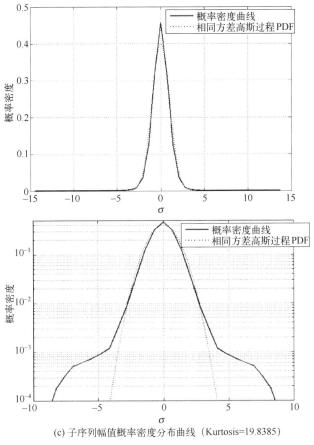

(c) 子序列幅值概率密度分布曲线（Kurtosis=19.8385）

图 2-10　前设备舱下部 Y 向 60~66s 子序列

4. 后 1 号设备舱上部 Y 向

如图 2-11 所示，后 1 号设备舱上部 Y 向振动序列在 614s 时间内具有明显的非平稳特性，在 50~70s、180~240s 和 600~614s 阶段出现了振动量级的局部加强。将长度为 614s 的时间序列按顺序进行分割，得到每段为 6s 的子序列(多余部分舍弃)。对这些子序列进行分析，提取出峭度值大于 3.1 的子序列(表 2-4)。

表 2-4 给出了后 1 号设备舱上部 Y 向振动子序列的统计结果，共有 18 个子序列峭度超过 3.1，其中平稳超高斯子序列 11 个；其余为非平稳、超高斯序列。通过表 2-4 的统计结果可以看出 462~468s 和 474~480s 两个子序列都是平稳的，且峭度较大。

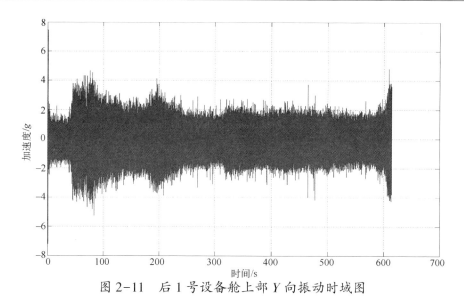

图 2-11　后 1 号设备舱上部 Y 向振动时域图

表 2-4　后 1 号设备舱上部 Y 向振动信号统计结果

子序列	平稳性检验			峭度	偏斜度	RMS	VAR
	显著度	分段数	平稳性				
0~6s	0.1	100	非平稳	13. 2203	0.0421	0.8053	0.6485
6~12s	0.1	100	平稳	3.1001	−0.0096	0.4779	0.2284
12~18s	0.1	100	平稳	3.1678	−0.0027	0.4674	0.2185
42~48s	0.1	100	非平稳	3.1929	−0.0066	0.9838	0.968
234~240s	0.1	100	平稳	3.1468	−0.0202	0.6555	0.4297
264~270s	0.1	100	平稳	3.5797	0.0055	0.5544	0.3074
288~294s	0.1	100	非平稳	3.3382	−0.0252	0.5531	0.306
294~300s	0.1	100	非平稳	3.1808	−0.0025	0.5172	0.2675
306~312s	0.1	100	平稳	3.2284	0.041	0.5166	0.2669
354~360s	0.1	100	平稳	3.1087	−0.0064	0.6372	0.406
366~372s	0.1	100	平稳	3.1834	−0.0058	0.6003	0.3604
372~378s	0.1	100	非平稳	3.1952	−0.0124	0.5778	0.3339
390~396s	0.1	100	平稳	3.1801	−0.0185	0.5542	0.3072
426~432s	0.1	100	非平稳	3.1091	−0.0497	0.6526	0.4259
462~468s	0.1	100	平稳	4.1801	−0.0456	0.6487	0.4208
476~480s	0.1	100	平稳	3.9702	−0.0635	0.6692	0.4479
564~570s	0.1	100	非平稳	3.2763	−0.0004	0.5486	0.301
588~594s	0.1	100	平稳	3.2322	−0.02	0.6414	0.4115

图 2-12(a)~(c)给出 462~468s 子序列的时域图、功率谱密度和幅值概率密度分布曲线。该子序列是平稳的,RMS=0.6487。图 2-12(b)给出了该子序列的功率谱密度,可以看出振动的能量分布主要分为高频和低频两部分。图 2-12(c)是该子序列的幅值概率密度分布曲线,峭度值为 4.1801,呈现出明显的"高尖峰、长拖尾"特征。

图 2-13(a)~(c)给出 474~480s 子序列的时域图、功率谱密度和幅值概率密度分布曲线。该子序列是平稳的,其 RMS=0.6692。图 2-13(b)给出了该子序列的功率谱密度,可以看出振动的能量分布主要分为高频和低频两部分。图 2-13(c)是该子序列的幅值概率密度分布曲线,峭度值为 3.9702,呈现出明显的"高尖峰、长拖尾"特征。

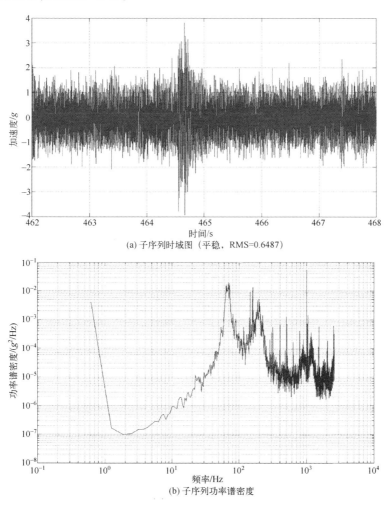

(a) 子序列时域图 (平稳,RMS=0.6487)

(b) 子序列功率谱密度

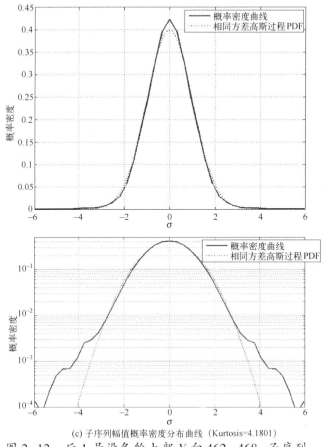

(c) 子序列幅值概率密度分布曲线（Kurtosis=4.1801）

图 2-12　后 1 号设备舱上部 Y 向 462~468s 子序列

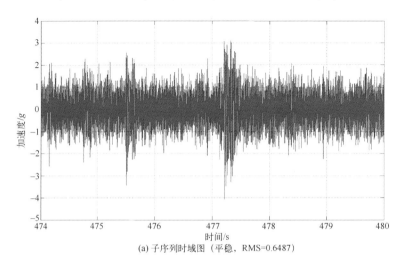

(a) 子序列时域图（平稳，RMS=0.6487）

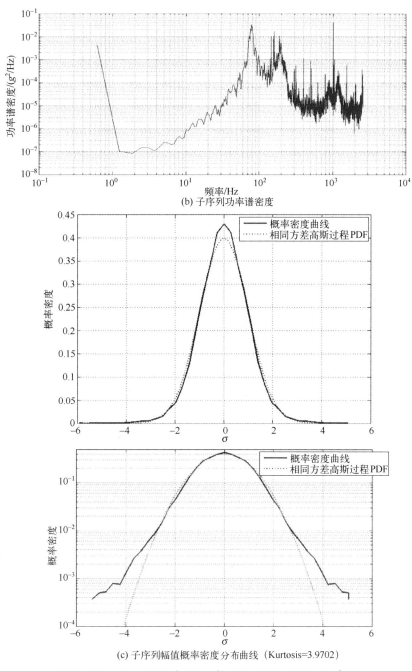

(b) 子序列功率谱密度

(c) 子序列幅值概率密度分布曲线（Kurtosis=3.9702）

图 2-13　后 1 号设备舱上部 *Y* 向 474~480s 子序列

2.3.2 车载装备非高斯振动环境

1. 平板车超高斯振动环境

从某研究所调研到某型军用平板车(空车和载重状态)振动数据累计约5h,表2-5给出了振动数据的统计分析结果。

表 2-5 平板车振动数据统计分析结果

状态	路况	速度/(km/h)	位置	测点数	采样频率 F_s/Hz	RMS	峭度	偏斜度
空车	沥青路	25	前桥左	80000	1280	6.2166	22.9716	0.2805
		35	前桥左	48000	1280	10.2102	11.8703	0.4237
	砂石路	20	前桥右	80000	1280	6.9130	23.1071	0.5777
		30	前桥右	30000	1280	6.0507	10.0392	-0.1049
载重	沥青路	25	前桥左	80000	1280	3.5965	11.3579	-0.1271
	起伏路	10	前桥左	60000	1280	6.0378	56.1071	0.2440
		16	前桥左	60000	1280	3.6833	30.3090	-0.3248
		45	前桥左	60000	1280	15.5887	20.0329	0.7259
	砂石路	20	前桥右	60000	1280	2.9801	33.1002	0.6730
		25	前桥右	60000	1280	8.8228	26.5822	-0.7374

通过表2-5可以看出车辆振动的峭度值及偏斜度值的大小和车辆运行的状态(空车或载重)、路况(沥青路、起伏路、砂石路等)、车辆行驶速度和测量位置等因素密切相关。可以看出车辆的峭度值和振动量级一般随着车辆行进速度的变化而改变,车辆停驶—怠速状态其振动峭度值约为3,基本是高斯振动。所以,车辆振动的超高斯特性主要来源于车辆行驶过程中与路面的相互作用力。

图2-14给出了平板车空车在沥青路上以25km/h前进时前桥左侧振动信号

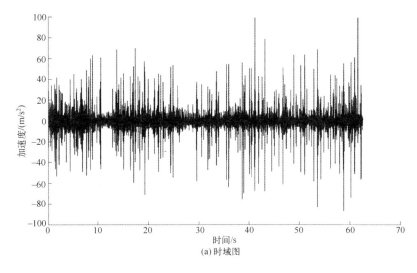

(a)时域图

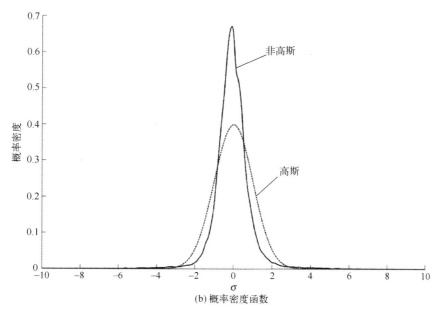

(b) 概率密度函数

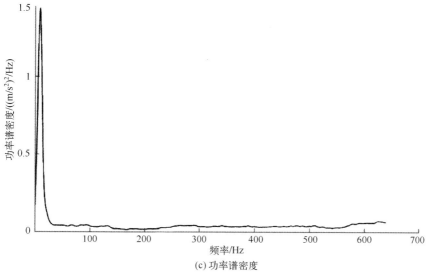

(c) 功率谱密度

图 2-14　平板车空车在沥青路上以 25km/h 前进时前桥左侧振动信号

的时域图、概率密度曲线和功率谱密度。

2. 装甲车超高斯振动环境调研

对某型号装甲车辆(图 2-15)的实际振动信号进行了测量(图 2-16),采集了车辆在不同路况(图 2-17)下的多个部位的振动信号。

图 2-15 被测试对象:某型号装甲车

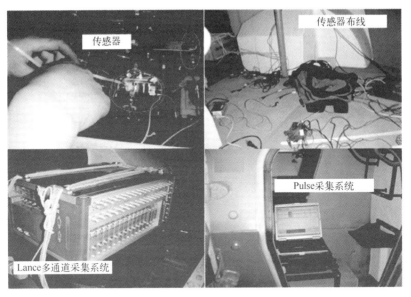

图 2-16 装甲车振动信号采集

1)车库怠速状态振动信号

如图 2-18 和图 2-19 为 AMT 控制盒不同位置在车库怠速情况下的实测振动信号。

图 2-17　试验路面

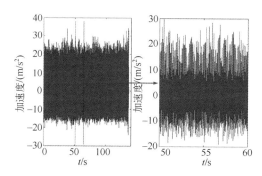

图 2-18　AMT 控制盒支撑结构 x 方向振动信号 (峭度:8.9264)

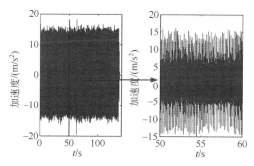

图 2-19　AMT 控制盒 z 方向振动响应信号 (峭度:4.9379)

2）起伏路行驶状态振动信号（车速 18km/h）

图 2-20 和图 2-21 给出了 AMT 控制盒不同位置在图 2-17 所示路面 2 以车速 18km/h 行驶时的振动信号。

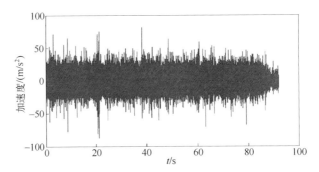

图 2-20　AMT 控制盒支撑结构 x 方向振动信号（峭度:3.9412）

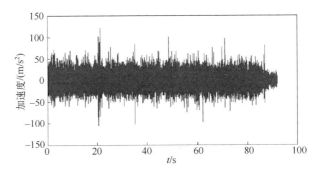

图 2-21　AMT 控制盒 z 方向振动响应信号（峭度:4.1468）

3）野外怠速状态振动信号

图 2-22 给出了 AMT 控制盒某位置在野外怠速时的振动信号。

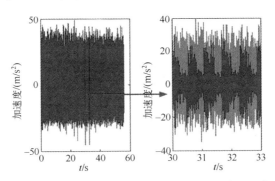

图 2-22　AMT 控制盒支撑结构 x 方向振动信号（峭度:7.7536）

4）大起伏路行驶状态振动信号（车速 18km/h）

图 2-23 和图 2-24 给出了 AMT 控制盒不同位置在图 2-17 所示路面 4 以车速 18km/h 行驶时的振动信号及超高斯统计结果。

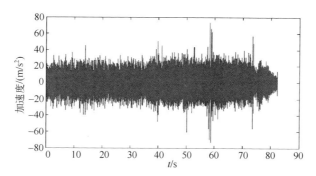

图 2-23　AMT 控制盒支撑结构 x 方向振动信号（峭度:3.7230）

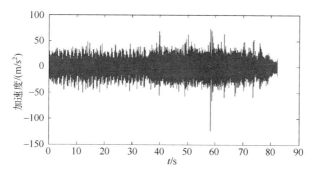

图 2-24　AMT 控制盒 z 方向振动响应信号（峭度:3.7800）

2.4　结　　论

通过对国内外各型装备实测振动环境数据的分析,可以看到超高斯振动环境在实际工程中广泛存在。具体而言,车辆的振动环境特性主要由路面条件、车速和车辆种类所决定。从长时间来看,轮式车辆的振动环境具有十分明显的非平稳特性,这主要是由车速的变化和路面的不规则引起的;但是具体来看,总体非平稳序列由一些持续时间较短,具有不同振动量级的平稳超高斯振动序列和过渡的非平稳超高斯序列组成。履带式车辆的振动环境主要由履带板拍打地面和动力装置及车辆内部机械结构相互作用共同影响,其振动环境也具有明显的超高斯特征。飞机的振动环境随着飞机飞行状态的不同而不断改变,长时间来看具有明显的非平稳特征,而不同振动量级和不同峭度值的平稳超高斯振动一般是分段存在于整个飞行时段。飞机不同部位的振动信号的超高斯特性具有明显的差异,一些部位在整个飞行时段几乎没有出现超高斯振动过程;而另外一些位置则存在大量的平稳超高斯和非平稳超高斯振动。相比于非平稳超高斯过程,平稳高斯过程的峭度值较小(3~5 之间);而非平稳超高斯振动信号的最大峭度值可达到 112。随着飞行状态的变化,同一位置振动环境也会发生变化。

参考文献

[1] Rouillard V. On the Non-Gaussian Nature of Random Vehicle Vibrations[C]//Lecture Notes in Engineering & Computer Science, London, 2007.

[2] Rouillard V. The synthesis of road vehicle vibrations based on the statistical distribution of segment lengths[C]//proceedings of the 5th Australasian Congress on Applied Mechanics (ACAM 2007), Melbourne, 2007.

[3] Def Stan 00-35, Environmental Handbook for Defence Materiel, Part No. 3: Environmental Test Methods[S], 1999.

[4] Department of Defense. MIL-STD-810G, Test Method Standard for Environmental Engineering Considerations and Laboratory Tests[S], 2008.

[5] International Electrotechnical Commission Technical Committee 9. IEC61373: 2010 Railway applications-Rolling stock equipment-Shock and vibration test[C]. Standards Press of International Electrotechnical Commission, Geneva, 2010.

第 3 章

非高斯随机振动环境模拟与控制技术

本章主要探讨非高斯随机振动数字信号的两种生成方法,以及将相应的生成算法嵌入现有振动试验设备时所涉及的闭环振动控制技术,为后续开展非高斯随机振动疲劳试验研究提供平台支撑。

3.1 基于相位调制与时域随机化的非高斯随机振动模拟与控制

3.1.1 基于二次相位调制的非高斯伪随机振动信号生成算法

在工程中通常用偏斜度 S 和归零化峭度 K 这两个参数来描述非高斯随机振动信号。偏斜度 S 和归零化峭度 K 借助随机信号 X 的各阶中心矩定义如下[1]:

$$S = \frac{E\left[X - E(X)\right]^3}{\{E\left[X - E(X)\right]^2\}^{3/2}} \tag{3.1}$$

$$K = \frac{E\left[X - E(X)\right]^4}{\{E\left[X - E(X)\right]^2\}^2} - 3 \tag{3.2}$$

下面通过分析目前数字式随机振动控制系统广泛采用的高斯随机激励信号生成原理,在其基础上提出一种通过二次相位调制来生成具有指定功率谱密度、峭度值和偏斜度值的超高斯伪随机振动信号的方法[2]。

1. 传统数字式随机振动控制系统高斯激励信号生成算法分析

以计算机为核心的数字式随机振动控制系统的基本构成如图 3-1 所示,其中常用的基于自功率谱法进行驱动信号均衡的高斯振动激励信号生成原理及详细算法流程分别如图 3-2 和图 3-3 所示。

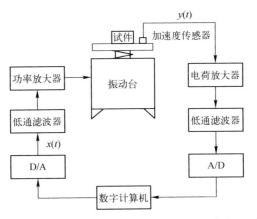

图 3-1　数字式随机振动控制系统的基本构成

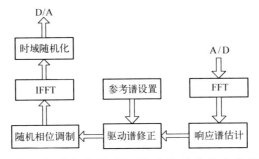

图 3-2　自功率谱法高斯随机振动激励信号生成原理框图

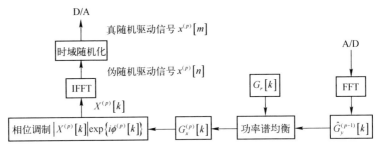

图 3-3　自功率谱法高斯随机振动激励信号生成与详细算法流程图

图 3-3 中,$n,k = 0,1,2,\cdots,N-1$;p 表示第 p 次均衡。

初始控制时,可以设定初始驱动谱等于参考谱,即

$$G_x^{(0)}[k] = G_r[k], \quad k = 0,1,\cdots,N-1 \tag{3.3}$$

对应的系统初始响应谱估计为 $\hat{G}_y^{(0)}[k]$,则第一次均衡的结果为

$$G_x^{(1)}[k] = \frac{(G_r[k])^2}{\hat{G}_y^{(0)}[k]}, \quad k = 0, 1, \cdots, N-1 \tag{3.4}$$

相应第 p 次均衡得到的驱动谱为

$$G_x^{(p)}[k] = \frac{G_r[k]G_x^{(p-1)}[k]}{\hat{G}_y^{(p-1)}[k]}, \quad k = 0, 1, \cdots, N-1 \tag{3.5}$$

如此通过反复均衡修正,便可以使响应谱估计 $\hat{G}_y[k]$ 在一定的精度下匹配(等价)于参考谱。

在上述均衡过程中,每次得到新的驱动信号功率谱后,必须将驱动信号的自功率谱转换成幅值谱,然后对幅值谱进行随机相位调制才能继续利用快速傅里叶逆变换得到相应的时域离散数字信号,因此下面推导随机信号的自谱和幅值谱之间的转换关系。

自谱是自功率谱密度函数的简称,功率信号的双边自谱定义为[3]

$$S_x(f) = F[R_x(\tau)] = \lim_{T \to \infty} \frac{1}{T} X_T(f) X_T^*(f) = \lim_{T \to \infty} \frac{1}{T} |X_T(f)|^2 \tag{3.6}$$

根据自相关以及傅里叶变换(FT)的性质可知,自谱是非负的实偶函数,且没有相位信息。

在工程实际中,由于负频率没有意义,因此常常只取正频率部分的功率谱,即所谓单边功率谱进行研究,在随机振动控制系统中就是采用单边自谱,其定义为

$$G_x(f) = \begin{cases} 2S_x(f), & f \geq 0 \\ 0, & f < 0 \end{cases} \tag{3.7}$$

设 $G_x[k]$ 为根据特定要求预先设置的信号波形数据的单边自功率谱 $G_x(f)$ 在各离散频率 f_k(具体的 f_k 定义参见下面的式(3.9))上的离散值,即

$$G_x[k] = G_x(f) \mid f = f_k, \quad k = 0, 1, \cdots, N-1 \tag{3.8}$$

$|X[k]|$:波形数据 $x[n]$ 的幅值谱序列 $X[k]$ 的模;

N :伪随机信号波形数据长度(即采样点数),为便于对其作 FFT,常取波形数据的长度 $N = 2^M$,这里 M 为正整数;

f_s :A/D 采样频率,应满足采样定理即 $f_s > 2f_c$,f_c 为随机信号的上限截止频率,考虑到实际低通滤波器非锐止的截止特性,本书统一取 $f_s = 2.56f_c$。

在上述假设条件下,系统的频率分辨率 Δf 为 $\Delta f = \dfrac{f_s}{N}$,采样间隔 $\Delta t = 1/f_s$,样本长度即 A/D 采样时间 $T = N\Delta t$,而各离散频率点的频率值为

$$f_k = \frac{k}{T} = k\Delta f = \frac{kf_s}{N}, \quad k = 0, 1, \cdots, N-1 \tag{3.9}$$

现有的教科书中关于离散傅里叶变换对有多种定义形式,这些定义形式往往只存在一个比例系数上的差异。由于在后续的算法仿真验证中将采用科学与工程计算软件 Matlab 进行,因此本书统一采用与 Matlab 中一致的定义形式如下[4,5]:

$$\text{DFT:} \quad X[k] = \sum_{n=0}^{N-1} x[n] e^{-j\left(\frac{2\pi}{N}\right)nk}, \quad k = 0,1,\cdots,N-1 \quad (3.10)$$

$$\text{IDFT:} \quad x[n] = \frac{1}{N}\sum_{k=0}^{N-1} X[k] e^{j\left(\frac{2\pi}{N}\right)nk}, \quad n = 0,1,\cdots,N-1 \quad (3.11)$$

由式(3.6)得

$$S_x(f) = \lim_{T\to\infty}\frac{1}{T}\left|X_T(f)\right|^2 = \lim_{T\to\infty}\frac{1}{T}\left|\int_0^T x(t) e^{-i2\pi ft}dt\right|^2 \quad (3.12)$$

式(3.12)的离散形式为

$$S_x[k] = \frac{1}{N\Delta t}\left|\sum_{n=0}^{N-1} x[n] e^{-j2\pi f_k n\Delta t}\Delta t\right|^2 = \frac{1}{N\Delta t}\left|\sum_{n=0}^{N-1} x[n] e^{-j2\pi\frac{kf_s}{N}n\Delta t}\Delta t\right|^2$$

$$= \frac{\Delta t}{N}\left|\sum_{n=0}^{N-1} x[n] e^{-j\left(\frac{2\pi}{N}\right)nk}\right|^2 \quad (3.13)$$

将 DFT 的定义式(3.10)代入式(3.13)得

$$S_x[k] = \frac{\Delta t}{N}\left|X[k]\right|^2 = \frac{1}{Nf_s}\left|X[k]\right|^2, \quad k = 0,1,\cdots,N-1 \quad (3.14)$$

联合式(3.7)、式(3.8)和式(3.12)得

$$G_x[k] = \frac{2\Delta t}{N}\left|X[k]\right|^2 = \frac{2}{Nf_s}\left|X[k]\right|^2, \quad k = 0,1,\cdots,N-1 \quad (3.15)$$

式(3.15)就是具有特定功率谱密度的伪随机信号时域波形数据 $x[n]$ 的幅值谱离散值 $|X[k]|$ 与其单边功率谱离散值 $G_x[k]$ 之间的重要关系。由此式可以得到伪随机信号波形数据 $x[n]$ 幅值谱离散值的模为

$$\left|X[k]\right| = \sqrt{\frac{Nf_s G_x[k]}{2}}, \quad k = 0,1,\cdots,N-1 \quad (3.16)$$

由于自谱不包含相位信息,对于相同的幅频谱 $|X[k]|$ 序列,如果其相位 $\phi[k]$ 不同,则 $|X[k]|\exp\{i\phi[k]\}$ 经逆快速傅里叶变换(IFFT)后所得到的 $x[n]$ 就会不一样。在现有的数字振动控制系统中,为了使 $x[n]$ 的幅值分布为高斯分布,采取的方法是将每次均衡得到的新的驱动幅频谱 $|X^{(p)}[k]|$ 叠加上均匀分布在 $[0,2\pi]$ 上的随机相位 $\phi^{(p)}[k]$,使得 $|X^{(p)}[k]|\exp\{i\phi^{(p)}[k]\}$ 包含相位信息。该过程称为相位调制。下面通过理论推导来分析相位调制中相位角的选择对驱动信号幅值分布的影响,进而寻找通过二次相位调制来控制信号峭度

和偏斜度的方法。

2. 相位角对峭度值的影响分析

相位调制后由离散傅里叶逆变换 IDFT 可得

$$x[n] = \frac{1}{N}\sum_{k=0}^{N-1} X[k] e^{j\left(\frac{2\pi}{N}\right)nk} = \frac{1}{N}\sum_{k=0}^{N-1} |X[k]| e^{j\phi[k]} e^{j\left(\frac{2\pi}{N}\right)nk}$$

$$= \frac{1}{N}\sum_{k=0}^{N-1} |X[k]| e^{j\left(\frac{2\pi}{N}nk + \phi[k]\right)}$$

$$= \frac{1}{N}\sum_{k=0}^{N-1} |X[k]| \cos\left(\frac{2\pi}{N}nk + \phi[k]\right) + i\frac{1}{N}\sum_{k=0}^{N-1} |X[k]| \sin\left(\frac{2\pi}{N}nk + \phi[k]\right)$$

$$n = 0,1,\cdots,N-1$$

由于振动试验中的伪随机信号波形数据 $x[n]$ 要求必须是实数序列,故 $\frac{1}{N}\sum_{k=0}^{N-1} |X[k]| \sin\left(\frac{2\pi}{N}nk + \phi[k]\right)$ 必须等于零,即要求其幅值谱 $X[k]$ 具有复共轭对称性,这样经过快速傅里叶逆变换后才能得到实序列。因此只需给出前 $N/2$ 个点的谱值即可,具体方法为[6]:

(1) 利用微机系统的随机数发生器函数得到 $N/2$ 个 $[0,2\pi]$ 上均布的随机相位角 $\phi[k]$;

(2) 由下式得到 $N/2$ 个具有随机相位的幅值谱为

$$X[k] = |X[k]| \exp\{i\phi[k]\}, \quad k=0,1,\cdots,\frac{N}{2}-1 \tag{3.17}$$

(3) 利用实数序列 $x[n]$ 幅值谱的复共轭特性,可得到另外一半 $N/2$ 个幅值谱

$$X\left[k+\frac{N}{2}\right] = X^*\left[\frac{N}{2}-k\right], \quad k=0,1,\cdots,\frac{N}{2}-1 \tag{3.18}$$

最后,$X[k]$ 经 IFFT 运算得到的实序列 $x[n]$ 即为所求:

$$x[n] = \frac{1}{N}\sum_{k=0}^{N-1} |X[k]| \cos\left(\frac{2\pi}{N}nk + \phi[k]\right) \tag{3.19}$$

为便于后续分析中通过积分求得 $x[n]$ 的各阶中心矩以计算信号的偏斜度和峭度值,将式(3.19)写成连续的时域表达形式:

$$x(t) = \frac{1}{N}\sum_{k=0}^{N-1} |X[k]| \cos(2\pi k\Delta f t + \phi[k]) \tag{3.20}$$

由 $\Delta f = \dfrac{f_s}{N}$ 显然有 $x[n] = x(t)|_{t=n\Delta t}$。

将式(3.16)代入式(3.20)得

$$x(t) = \frac{1}{N} \sum_{k=0}^{N-1} \sqrt{\frac{N f_s G_x[k]}{2}} \cos(2\pi k \Delta ft + \phi[k])$$

$$= \sum_{k=0}^{N-1} \sqrt{\frac{f_s G_x[k]}{2N}} \cos(2\pi k \Delta ft + \phi[k]) \tag{3.21}$$

令

$$A_k = \sqrt{\frac{f_s G_x[k]}{2N}} \tag{3.22}$$

则式(3.21)可化为

$$x(t) = \sum_{k=0}^{N-1} A_k \cos(2\pi k \Delta ft + \phi[k]) \tag{3.23}$$

可以证明,当 N 较大时, $x(t)$ 的均值将趋于零,这跟随机振动试验一般要求激励信号的均值为零是一致的。因此,所以式(3.2)的峭度值表达式可以简化为

$$K = \frac{E[X]^4}{\{E[X]^2\}^2} - 3 = \frac{M_4^x}{(M_2^x)^2} - 3 \tag{3.24}$$

而对周期为 T 的伪随机时间历程信号 $x(t)$,其二阶矩 M_2^x 、三阶矩 M_3^x 和四阶矩 M_4^x 均可以通过在一个周期上的积分来逼近:

$$M_n^x = \lim_{r \to \infty} \frac{1}{r} \int_0^r \{x(t)\}^n \mathrm{d}t = \frac{1}{T} \int_0^T \{x(t)\}^n \mathrm{d}t, \quad n = 2,3,4 \tag{3.25}$$

则可求得二阶矩

$$M_2^x = \frac{1}{2} \sum_{k=0}^{N-1} A_k^2 = \frac{1}{2} \sum_{k=0}^{N-1} (a_k^2 + b_k^2) \tag{3.26}$$

其中

$$a_k = A_k \cos\phi[k], \quad b_k = -A_k \sin\phi[k] \tag{3.27}$$

而四阶矩

$$M_4^x = \frac{1}{T} \int_0^T \left[\sum_{k=0}^{N-1} (a_k \cos 2\pi k \Delta ft + b_k \sin 2\pi k \Delta ft) \right]^4 \mathrm{d}t \tag{3.28}$$

对式(3.28)积分作变量替换 $\tau = \Delta ft$,并利用欧拉公式

$$\cos 2\pi k\tau = \frac{1}{2}[\exp(\mathrm{i}2\pi k\tau) + \exp(-\mathrm{i}2\pi k\tau)]$$

$$\sin 2\pi k\tau = \frac{i}{2}[\exp(-\mathrm{i}2\pi k\tau) - \exp(\mathrm{i}2\pi k\tau)]$$

得

$$M_4^x = \frac{1}{2^4} \int_0^1 \left\{ \sum_{k=0}^{N-1} [(a_k + \mathrm{i}b_k)\exp(-\mathrm{i}2\pi k\tau) + (a_k - \mathrm{i}b_k)\exp(\mathrm{i}2\pi k\tau)] \right\}^4 \mathrm{d}\tau$$

$$\tag{3.29}$$

式(3.29)的表达式大括号中共有 $2N$ 个求和项,其 4 次幂的展开式可划分为下列 5 种形式的组合:

$$(a_{k_1} \pm ib_{k_1})^2 \exp(\mp i4\pi k_1 \tau)(a_{k_2} \pm ib_{k_2})^2 \exp(\mp i4\pi k_2 \tau) \quad (3.30)$$

$$\prod_{m=1}^{4}\left[(a_{k_m} \pm ib_{k_m})\exp(\mp i2\pi k_m \tau)\right] \quad (3.31)$$

$$\prod_{m=1}^{2}\left[(a_{k_m} \pm ib_{k_m})\exp(\mp i2\pi k_m \tau)\right](a_{k_3} \pm ib_{k_3})^2 \exp(\mp i4\pi k_3 \tau) \quad (3.32)$$

$$(a_{k_1} \pm ib_{k_1})\exp(\mp i2\pi k_1 \tau)(a_{k_2} \pm ib_{k_2})^3 \exp(\mp i6\pi k_2 \tau) \quad (3.33)$$

$$(a_{k_1} \pm ib_{k_1})^4 \exp(\mp i8\pi k_1 \tau) \quad (3.34)$$

上述 5 种展开形式再加上积分符号可具有如下的积分形式:

$$J = \frac{1}{16}\int_0^1 p\exp(-iq2\pi\tau)\,d\tau \quad (3.35)$$

p、q 均为常数,并且 q 为整数,其中对于式(3.30),$q = \pm 2k_1 \pm 2k_2$;对于式(3.31),$q = \pm k_1 \pm k_2 \pm k_3 \pm k_4$;对于式(3.32),$q = \pm k_1 \pm k_2 \pm 2k_3$;对于式(3.33),$q = \pm k_1 \pm 3k_2$;对于式(3.34),$q = \pm 4k_1$。下面证明:对式(3.35)只有当 $q = 0$ 时,有 $J = \frac{p}{16}$;当 $q \neq 0$ 时,有 $J = 0$。

当 $q \neq 0$ 时,

$$\int_0^1 \exp(-iq2\pi\tau)\,d\tau$$

$$= \frac{1}{2\pi q}\int_0^1 \exp(-iq2\pi\tau)\,d(q2\pi\tau) = \frac{1}{2\pi q}\int_0^{2\pi q}\exp(-i\theta)\,d\theta$$

$$= \frac{1}{2\pi q}\int_0^{2\pi q}(\cos\theta - i\sin\theta)\,d\theta = \frac{1}{2\pi q}\left[(\sin2q\pi - \sin0) + i(\cos2q\pi - \cos0)\right] = 0$$

从而 $J = 0$;

当 $q = 0$ 时,显然有 $J = \frac{p}{16}$。

因此,对于式(3.30)~式(3.34)分别寻找使 $q = 0$ 的非负整数 k_1、k_2、k_3 和 k_4($0 \leqslant k_1, k_2, k_3, k_4 \leqslant N-1$)。显然,对式(3.30),只有当 $k_1 = k_2 = k$ 时,才能使 $q = k_1 - k_2 = 0$。对式(3.31),有两种情形可使得 $q = 0$:一是当 $k_1 + k_2 = k_3 + k_4$ 时,$q = k_1 + k_2 - k_3 - k_4 = 0$;二是当 $k_1 + k_2 + k_3 = k_4$ 时,$q = k_1 + k_2 + k_3 - k_4 = 0$。对式(3.32),也有两种情形可使得 $q = 0$:一是当 $k_1 = k_2 + 2k_3$ 时,$q = k_1 - k_2 - 2k_3 = 0$;二是当 $k_1 + k_2 = 2k_3$ 时,$q = k_1 + k_2 - 2k_3 = 0$。对式(3.33),只有当 $k_1 = 3k_2$ 时,才能使 $q = k_1 - 3k_2 = 0$。而对式(3.34),只有当 $k_1 = 0$ 才等于零。这样经过进一步推导就可得到峭度 K 与相位角之间的关系表达式如下:

$$K = \left\{ \sum_{k=0}^{N-1} (a_k^2 + b_k^2) \right\}^{-2} \left\{ \frac{3}{2} \sum_{k=0}^{N-1} \left[(a_k^2 + b_k^2)^2 \right] + \right.$$

$$2 \sum_{j=3k} \left[a_j a_k (a_k^2 - 3b_k^2) - b_j b_k (b_k^2 - 3a_k^2) \right] +$$

$$6 \sum_{\substack{j=k+2n \\ k \neq n}} \left[(a_j a_k + b_j b_k)(a_n^2 - b_n^2) - 2(a_j b_k - a_k b_j) a_n b_n \right] +$$

$$6 \sum_{\substack{j+k=2n \\ j<k}} \left[(a_j a_k - b_j b_k)(a_n^2 - b_n^2) + 2(a_j b_k + a_k b_j) a_n b_n \right] +$$

$$12 \sum_{\substack{j+k=n+m \\ j<k, n<m, j<n}} \left[(a_j a_k - b_j b_k)(a_n a_m - b_n b_m) + (a_j b_k + a_k b_j)(a_n b_m + a_m b_n) \right] +$$

$$12 \sum_{\substack{j+k+n=m \\ j<k<n}} \left[(a_j a_k - b_j b_k)(a_n a_m + b_n b_m) + (a_j b_k + a_k b_j)(a_n b_m - a_m b_n) \right] \right\} \tag{3.36}$$

为进一步直观地分析 N 个相位角 ϕ_k、幅值谱的模 A_k 和峭度 K 之间的关系，将式(3.27)代入式(3.36)等号右边的各求和项，并利用三角公式进行化简得（为简洁起见，记 $\phi[k] = \phi_k$）：

$$\sum_{k=0}^{N-1} (a_k^2 + b_k^2) = \sum_{k=0}^{N-1} A_k^2 \tag{3.37}$$

$$\sum_{k=0}^{N-1} \left[(a_k^2 + b_k^2)^2 \right] = \sum_{k=0}^{N-1} A_k^4 \tag{3.38}$$

$$\sum_{j=3k} \left[a_j a_k (a_k^2 - 3b_k^2) - b_j b_k (b_k^2 - 3a_k^2) \right]$$

$$= \sum_{j=3k} \left[(a_j a_k^3 - b_j b_k^3) + 3(b_j b_k a_k^2 - a_j a_k b_k^2) \right]$$

$$= \sum_{j=3k} \left\{ A_j A_k^3 \left[\cos\phi_j \cos\phi_k \cos^2\phi_k - \sin\phi_j \sin\phi_k \sin^2\phi_k \right] + \right.$$

$$\left. 3 A_j A_k^3 \left[\sin\phi_j \sin\phi_k \cos^2\phi_k - \cos\phi_j \cos\phi_k \sin^2\phi_k \right] \right\}$$

$$= \sum_{j=3k} A_j A_k^3 \left[\cos\phi_j \cos\phi_k (\cos^2\phi_k - 3\sin^2\phi_k) + \sin\phi_j \sin\phi_k (3\cos^2\phi_k - \sin^2\phi_k) \right]$$

$$= \sum_{j=3k} A_j A_k^3 \left[\cos\phi_j \cos\phi_k (1 - 4\sin^2\phi_k) + \sin\phi_j \sin\phi_k (4\cos^2\phi_k - 1) \right]$$

$$= \sum_{j=3k} A_j A_k^3 \left[\cos\phi_j \cos\phi_k (2\cos2\phi_k - 1) + \sin\phi_j \sin\phi_k (2\cos2\phi_k + 1) \right]$$

$$= \sum_{j=3k} A_j A_k^3 \left[2\cos2\phi_k (\cos\phi_j \cos\phi_k + \sin\phi_j \sin\phi_k) - (\cos\phi_j \cos\phi_k - \sin\phi_j \sin\phi_k) \right]$$

$$= \sum_{j=3k} A_j A_k^3 \left[2\cos2\phi_k \cos(\phi_j - \phi_k) - \cos(\phi_j + \phi_k) \right]$$

$$= \sum_{j=3k} A_j A_k^3 \left[2\cos2\phi_k \cos(\phi_j - \phi_k) - \cos(2\phi_k + \phi_j - \phi_k) \right]$$

$$= \sum_{j=3k} A_j A_k^3 \left[2\cos 2\phi_k \cos(\phi_j - \phi_k) - \cos 2\phi_k \cos(\phi_j - \phi_k) + \sin 2\phi_k \sin(\phi_j - \phi_k) \right]$$

$$= \sum_{j=3k} A_j A_k^3 \left[\cos 2\phi_k \cos(\phi_j - \phi_k) + \sin 2\phi_k \sin(\phi_j - \phi_k) \right]$$

$$= \sum_{j=3k} A_j A_k^3 \cos(\phi_j - 3\phi_k) \qquad (3.39)$$

$$\sum_{\substack{j=k+2n \\ k \neq n}} \left[(a_j a_k + b_j b_k)(a_n^2 - b_n^2) - 2(a_j b_k - a_k b_j) a_n b_n \right]$$

$$= \sum_{\substack{j=k+2n \\ k \neq n}} \left[(A_j A_k \cos\phi_j \cos\phi_k + A_j A_k \sin\phi_j \cos\phi_k)(A_n^2 \cos^2\phi_n - A_n^2 \sin^2\phi_n) - \right.$$

$$\left. 2(-A_j A_k \cos\phi_j \sin\phi_k + A_j A_k \sin\phi_j \cos\phi_k)(-A_n^2 \sin\phi_n \cos\phi_n) \right]$$

$$= \sum_{\substack{j=k+2n \\ k \neq n}} \left[A_j A_k A_n^2 \cos(\phi_j - \phi_k)(\cos^2\phi_n - \sin^2\phi_n) + 2A_j A_k A_n^2 \sin(\phi_j - \phi_k)\sin\phi_n \cdot \right.$$

$$\left. \cos\phi_n) \right]$$

$$= \sum_{\substack{j=k+2n \\ k \neq n}} A_j A_k A_n^2 \left[\cos(\phi_j - \phi_k)(2\cos^2\phi_n - 1) + \sin(\phi_j - \phi_k)\sin 2\phi_n \right]$$

$$= \sum_{\substack{j=k+2n \\ k \neq n}} A_j A_k A_n^2 \left[\cos(\phi_j - \phi_k)\cos 2\phi_n + \sin(\phi_j - \phi_k)\sin 2\phi_n \right]$$

$$= \sum_{\substack{j=k+2n \\ k \neq n}} A_j A_k A_n^2 \cos(\phi_j - \phi_k - 2\phi_n) \qquad (3.40)$$

$$\sum_{\substack{j+k=2n \\ j<k}} \left[(a_j a_k - b_j b_k)(a_n^2 - b_n^2) + 2(a_j b_k + a_k b_j) a_n b_n \right]$$

$$= \sum_{\substack{j+k=2n \\ j<k}} \left[(A_j A_k \cos\phi_j \cos\phi_k - A_j A_k \sin\phi_j \cos\phi_k)(A_n^2 \cos^2\phi_n - A_n^2 \sin^2\phi_n) + \right.$$

$$\left. 2(-A_j A_k \cos\phi_j \sin\phi_k - A_j A_k \sin\phi_j \cos\phi_k)(-A_n^2 \sin\phi_n \cos\phi_n) \right]$$

$$= \sum_{\substack{j+k=2n \\ j<k}} \left[A_j A_k A_n^2 \cos(\phi_j + \phi_k)(\cos^2\phi_n - \sin^2\phi_n) + 2A_j A_k A_n^2 \sin(\phi_j + \right.$$

$$\left. \phi_k)\sin\phi_n \cos\phi_n) \right]$$

$$= \sum_{\substack{j+k=2n \\ j<k}} A_j A_k A_n^2 \left[\cos(\phi_j + \phi_k)(2\cos^2\phi_n - 1) + \sin(\phi_j + \phi_k)\sin 2\phi_n \right]$$

$$= \sum_{\substack{j+k=2n \\ j<k}} A_j A_k A_n^2 \left[\cos(\phi_j + \phi_k)\cos 2\phi_n + \sin(\phi_j + \phi_k)\sin 2\phi_n \right]$$

$$= \sum_{\substack{j+k=2n \\ j<k}} A_j A_k A_n^2 \cos(\phi_j + \phi_k - 2\phi_n) \qquad (3.41)$$

$$\sum_{\substack{j+k=n+m \\ j<k,n<m,j<n}} \left[(a_j a_k - b_j b_k)(a_n a_m - b_n b_m) + (a_j b_k + a_k b_j)(a_n b_m + a_m b_n) \right]$$

$$= \sum_{\substack{j+k=n+m \\ j<k, n<m, j<n}} [(A_j A_k \cos\phi_j \cos\phi_k - A_j A_k \sin\phi_j \sin\phi_k)(A_n A_m \cos\phi_n \cos\phi_m - A_n A_m \sin\phi_n \cdot$$

$$\sin\phi_m) + (-A_j A_k \cos\phi_j \sin\phi_k - A_j A_k \sin\phi_j \cos\phi_k)(-A_n A_m \cos\phi_n \sin\phi_m -$$

$$A_n A_m \sin\phi_n \cos\phi_m)]$$

$$= \sum_{\substack{j+k=n+m \\ j<k, n<m, j<n}} [A_j A_k A_n A_m \cos(\phi_j + \phi_k)\cos(\phi_n + \phi_m) +$$

$$A_j A_k A_n A_m \sin(\phi_j + \phi_k)\sin(\phi_n + \phi_m)]$$

$$= \sum_{\substack{j+k=n+m \\ j<k, n<m, j<n}} A_j A_k A_n A_m \cos(\phi_j + \phi_k - \phi_n - \phi_m) \tag{3.42}$$

$$\sum_{\substack{j+k+n=m \\ j<k<n}} [(a_j a_k - b_j b_k)(a_n a_m + b_n b_m) + (a_j b_k + a_k b_j)(a_n b_m - a_m b_n)]$$

$$= \sum_{\substack{j+k+n=m \\ j<k<n}} [(A_j A_k \cos\phi_j \cos\phi_k - A_j A_k \sin\phi_j \sin\phi_k)(A_n A_m \cos\phi_n \cos\phi_m +$$

$$A_n A_m \sin\phi_n \sin\phi_m) + (-A_j A_k \cos\phi_j \sin\phi_k - A_j A_k \sin\phi_j \cos\phi_k) \cdot$$

$$(-A_n A_m \cos\phi_n \sin\phi_m + A_n A_m \sin\phi_n \cos\phi_m)]$$

$$= \sum_{\substack{j+k+n=m \\ j<k<n}} [A_j A_k A_n A_m \cos(\phi_j + \phi_k)\cos(\phi_m - \phi_n) + A_j A_k A_n A_m \sin(\phi_j + \phi_k)\sin(\phi_m - $$

$$\phi_n)]$$

$$= \sum_{\substack{j+k+n=m \\ j<k<n}} A_j A_k A_n A_m \cos(\phi_j + \phi_k + \phi_n - \phi_m) \tag{3.43}$$

将式(3.37)~式(3.43)代入式(3.36)得

$$K = \left\{ \sum_{k=0}^{N-1} A_k^2 \right\}^{-2} \left\{ \frac{3}{2} \sum_{k=0}^{N-1} A_k^4 + 2 \sum_{j=3k} A_j A_k^3 \cos(\phi_j - 3\phi_k) + \right.$$

$$6 \sum_{\substack{j=k+2n \\ k \neq n}} A_j A_k A_n^2 \cos(\phi_j - \phi_k - 2\phi_n) + 6 \sum_{\substack{j+k=2n \\ j<k}} A_j A_k A_n^2 \cos(\phi_j + \phi_k - 2\phi_n) +$$

$$12 \sum_{\substack{j+k=n+m \\ j<k, n<m, j<n}} A_j A_k A_n A_m \cos(\phi_j + \phi_k - \phi_n - \phi_m) + 12 \sum_{\substack{j+k+n=m \\ j<k<n}} A_j A_k A_n A_m \cos(\phi_j + $$

$$\left. \phi_k + \phi_n - \phi_m) \right\}$$

$$\tag{3.44}$$

文献[7-9]证明了当相位角均匀分布在[0,2π]上时,根据式(3.23)得到的信号将是高斯伪随机信号,从而也间接说明其峭度值也等于零。下面通过分析式(3.44)直接来说明当 ϕ_j、ϕ_k、ϕ_n、ϕ_m 是独立分布在[0,2π]上的随机相位角时,K 是趋于零的,并从中寻找使峭度值逐步增大的方法,从而生成峭度值大于零的超高斯伪随机信号。

可以看出，当所要模拟的信号单边自功率谱密度 $G_x(f)$ 确定以后，根据式 (3.22) 可以知道式 (3.44) 中的 A_j、A_k、A_n、A_m 也相应确定下来，只剩下 ϕ_j、ϕ_k、ϕ_n、ϕ_m 这些随机变量。下面证明当 ϕ_j、ϕ_k、ϕ_n、ϕ_m 是 $[0,2\pi]$ 上的独立同分布的随机相位角并且 N 取值较大时，式 (3.39) ~ 式 (3.43) 的数学期望将趋于零。以 $\sum\limits_{j=3k}\cos(\phi_j-3\phi_k)$ 为例子证明如下：

令随机变量 U 代表 ϕ_j，随机变量 V 代表 $-3\phi_k$，而随机变量 $W=U+V$，与此对应它们的概率密度函数分别为 $f_U(u)$、$f_V(v)$ 和 $f_W(w)$，则有

$$f_U(u)=\begin{cases}\dfrac{1}{2\pi}, & 0\leqslant u\leqslant 2\pi \\ 0, & \text{其他}\end{cases}$$

$$f_V(v)=\begin{cases}\dfrac{1}{2\pi}, & -6\pi\leqslant v\leqslant 0 \\ 0, & \text{其他}\end{cases}$$

由于 U 和 V 是相互独立的随机变量，则

$$
\begin{aligned}
f_W(w)&=\int_{-\infty}^{\infty}f_U(u)f_V(w-u)\mathrm{d}u\\
&=\begin{cases}\dfrac{1}{12\pi^2}w+\dfrac{1}{2\pi}, & -6\pi\leqslant w\leqslant-4\pi \\[2mm] \dfrac{1}{6\pi}, & -4\pi<w\leqslant 0 \\[2mm] -\dfrac{1}{12\pi^2}w+\dfrac{1}{6\pi}, & 0<w\leqslant 2\pi \\[2mm] 0, & \text{其他}\end{cases}
\end{aligned}
\tag{3.45}
$$

容易证明 $\displaystyle\int_{-\infty}^{\infty}f_W(w)\mathrm{d}w=1$，并且利用分部积分公式可求得

$$
\begin{aligned}
E[\cos w]&=\int_{-\infty}^{\infty}\cos w f_W(w)\mathrm{d}w\\
&=\int_{-6\pi}^{-4\pi}\cos w\left(\dfrac{1}{12\pi^2}w+\dfrac{1}{2\pi}\right)\mathrm{d}w+\dfrac{1}{6\pi}\int_{-4\pi}^{0}\cos w\mathrm{d}w+\int_{0}^{2\pi}\cos w\left(-\dfrac{1}{12\pi^2}w+\dfrac{1}{6\pi}\right)\mathrm{d}w\\
&=0
\end{aligned}
$$

从而 $\sum\limits_{j=3k}A_jA_k^3\cos(\phi_j-3\phi_k)$ 的数学期望也趋于零，同理可以证明式 (3.40) ~ 式 (3.43) 的数学期望也将趋于零。又由于当 N 取值较大时，$\displaystyle\sum_{k=0}^{N-1}A_k^4=\left\{\sum_{k=0}^{N-1}A_k^2\right\}^2$，从而 $K\to 0$。这也从另外一个角度说明为什么传统的数字式随机振

动控制系统产生的振动激励信号是峭度值等于零的高斯信号。

由上述证明过程可知：正是由于 ϕ_j、ϕ_k、ϕ_n、ϕ_m 是 $[0,2\pi]$ 上的独立同分布的随机相位角，使式(3.39)~式(3.43)的数学期望趋于零。根据逆向思维，可以很自然地设想：如果在随机相位调制的基础上再对其中一部分相位角进行二次调制，使式(3.39)~式(3.43)中某式的数学期望不再趋于零，就能改变生成信号的峭度值。同时，由于自功率谱不包含相位信息，对相位角的二次调制不会改变生成激励信号的自功率谱，因此，这样在保证功率谱密度的准确模拟前提下，就可以生成指定频谱的超高斯信号。

那么，具体如何通过对相位角的二次调制来得到指定峭度值的超高斯信号，同时又保证经过二次相位调整后再经 IFFT 变换生成的激励信号是随机信号而不是确定性信号呢？根据式(3.44)中峭度值对相位角的依赖关系，可以初步设想按以下步骤进行调制：首先按照传统的指定频谱的高斯激励信号生成方法得到一组固定幅值 A_k 和一系列随机相位角，然后保持所有的固定幅值 A_k（从而保证功率谱的准确模拟）和大多数相位角的随机性不变，只将其中少数相位角进行二次调制，使得式(3.44)中对应的某些项求和取值最大，从而使得峭度值从最初的零逐渐增加到所需的值。为了保证二次相位调制后经 IFFT 变换得到的时域信号仍然保持随机信号的特征，参与二次相位调制的相位角不宜太多，因此每次可只分别针对式(3.39)~式(3.43)中的某一个式子中的相位角进行二次调制，后面的算法仿真验证中将证实只需要对为数不多的相位角进行二次调制就可以得到较大的峭度值。由于前面利用实序列的幅值谱的对称性只生成了 $N/2$ 个 $[0,2\pi]$ 上均匀分布的随机相位角，因此实际上可以进行二次调制的相位角下标取值范围为 $\left[0, \dfrac{N}{2}-1\right]$。下面举例对该调制过程进行具体的说明。

例如针对式(3.39)，可以在最初生成的 $[0,2\pi]$ 上均匀分布的 $N/2$ 个随机相位角中找出所有下标满足关系 $j=3k$（$0 \leqslant j,k \leqslant N/2-1$）的相位角组合 $\{\phi_j, \phi_k\}$。当伪随机信号波形数据长度 N 较大时，满足 $j=3k$（$0 \leqslant j,k \leqslant N/2-1$）的 j、k 有多组 $\{j_1,k_1; j_2,k_2; \cdots\}$，对应的多组相位角为 $\{\phi_{j_1}, \phi_{k_1}; \phi_{j_2}, \phi_{k_2}; \cdots\}$。先对其中一组 $\{\phi_{j_1}, \phi_{k_1}\}$ 中的 ϕ_{j_1} 进行二次调制使其新的取值为 $\phi'_{j_1}=3\phi_{k_1}$；然后计算经此二次相位调整后通过 IFFT 得到的激励信号峭度值 K_1。如果 K_1 与所要模拟的超高斯伪随机信号峭度值 K_{pseudo} 的误差超过了规定的范围，下面就要进行进一步的判断：如果 $K_1 < K_{\text{pseudo}}$，则选取下一组相位角 $\{\phi_{j_2}, \phi_{k_2}\}$ 中的 ϕ_{j_2} 继续进行二次调制，使其新的取值为 $\phi'_{j_2}=3\phi_{k_2}$；如果 $K_1 > K_{\text{pseudo}}$，则选取下一组相位角 $\{\phi_{j_2}, \phi_{k_2}\}$ 中的 ϕ_{j_2} 继续进行二次调制，使其新的取值为 $\phi'_{j_2}=3\phi_{k_2}+\pi$。再计算经

此二次相位调整后通过 IFFT 得到的激励信号峭度值 K_2，然后继续进行上述判断。反复重复上述过程，就可以使生成激励信号的峭度值在所要求的精度范围内逐步逼近所要模拟的超高斯伪随机信号峭度值。

同样，也可以针对式 (3.40) 进行二次相位调制。首先在最初生成的 $[0, 2\pi]$ 上均匀分布的 $N/2$ 个随机相位角中找出所有下标满足关系 $j = k + 2n, k \neq n$ $(0 \leqslant j, k, n \leqslant N/2 - 1)$ 的相位角组合 $\{\phi_j, \phi_k, \phi_n\}$。当伪随机信号波形数据长度 N 较大时，满足 $j = k + 2n, k \neq n$ $(0 \leqslant j, k, n \leqslant N/2 - 1)$ 的 j、k 有多组 $\{j_1, k_1, n_1; j_2, k_2, n_2; \cdots\}$，对应的多组相位角为 $\{\phi_{j_1}, \phi_{k_1}, \phi_{n_1}; \phi_{j_2}, \phi_{k_2}, \phi_{n_2}; \cdots\}$。先对其中一组 $\{\phi_{j_1}, \phi_{k_1}, \phi_{n_1}\}$ 中的 ϕ_{j_1} 进行二次调制使其新的取值为 $\phi'_{j_1} = \phi_{k_1} + 2\phi_{n_1}$；然后计算经此二次相位调整后通过 IFFT 得到的激励信号峭度值 K_1。如果 K_1 与所要模拟的超高斯伪随机信号峭度值 K_{pseudo} 的误差超过了规定的范围，下面就要进行进一步的判断：如果 $K_1 < K_{pseudo}$，则选取下一组相位角 $\{\phi_{j_2}, \phi_{k_2}, \phi_{n_2}\}$ 中的 ϕ_{j_2} 继续进行二次调制，使其新的取值为 $\phi'_{j_2} = \phi_{k_2} + 2\phi_{n_2}$；如果 $K_1 > K_{pseudo}$，则选取下一组相位角 $\{\phi_{j_2}, \phi_{k_2}, \phi_{n_2}\}$ 中的 ϕ_{j_2} 继续进行二次调制，使其新的取值为 $\phi'_{j_2} = \phi_{k_2} + 2\phi_{n_2} + \pi$。再计算经此二次相位调整后通过 IFFT 得到的激励信号峭度值 K_2，然后继续进行上述判断。反复重复上述过程，就可以使生成激励信号的峭度值在所要求的精度范围内逐步逼近所要模拟的超高斯伪随机信号峭度值。

类似上述分析也可以针对式 (3.41) ~ 式 (3.43) 得到相应的控制生成随机信号峭度值的方法，这里不再赘述。

3. 相位角对偏斜度值的影响分析

因为随机振动信号的均值要求为零，所以偏斜度表达式 (3.1) 可以简化为

$$S = \frac{E[X]^3}{\{E[X]^2\}^{3/2}} = \frac{M_3^x}{(M_2^x)^{3/2}} \tag{3.46}$$

对周期为 T 的伪随机时间历程信号 $x(t)$，其三阶矩 M_3^x 同样可以通过在一个周期上的积分来逼近：

$$M_3^x = \frac{1}{T} \int_0^T \Big[\sum_{k=0}^{N-1} (a_k \cos 2\pi k \Delta f t + b_k \sin 2\pi k \Delta f t) \Big]^3 \mathrm{d}t \tag{3.47}$$

类似可对上面的积分表达式作变量替换 $\tau = \Delta f t$ 并利用欧拉公式得

$$M_3^x = \frac{1}{2^3} \int_0^1 \Big\{ \sum_{k=0}^{N-1} [(a_k + \mathrm{i}b_k) \exp(-\mathrm{i}2\pi k\tau) + (a_k - \mathrm{i}b_k) \exp(\mathrm{i}2\pi k\tau)] \Big\}^3 \mathrm{d}\tau$$

采用"相位角对峭度值的影响分析"类似的推导方法可得

$$M_3^x = \frac{3}{4} \sum_{j=2k} [a_j(a_k^2 - b_k^2) + 2b_j a_k b_k] + \frac{3}{2} \sum_{\substack{j+k=m \\ j<k}} [(a_j a_k - b_j b_k)a_m + (a_j b_k + a_k b_j)b_m]$$

$$\tag{3.48}$$

再将式(3.48)及式(3.26)代入偏斜度 S 的表达式(3.46)可得

$$S = \left\{ \frac{1}{2} \sum_{k=0}^{N-1} A_k^2 \right\}^{-1.5} \left\{ \frac{3}{4} \sum_{j=2k} \left[a_j(a_k^2 - b_k^2) + 2b_j a_k b_k \right] + \right.$$

$$\left. \frac{3}{2} \sum_{\substack{j+k=m \\ j<k}} \left[(a_j a_k - b_j b_k) a_m + (a_j b_k + a_k b_j) b_m \right] \right\} \qquad (3.49)$$

为进一步直观地分析相位角和偏斜度间的关系,将式(3.27)代入式(3.49)并利用三角公式化简得

$$S = \left\{ \frac{1}{2} \sum_{k=0}^{N-1} A_k^2 \right\}^{-1.5} \left\{ \frac{3}{4} \sum_{j=2k} A_j A_k^2 \cos(\phi_j - 2\phi_k) + \frac{3}{2} \sum_{\substack{j+k=m \\ j<k}} A_j A_k A_m \cos(\phi_m - \phi_j - \phi_k) \right\}$$

$$(3.50)$$

类似上面的分析,可以证明当 ϕ_j、ϕ_k、ϕ_m 是 $[0,2\pi]$ 上的独立同分布的随机相位角并且 N 取值较大时,$E\left[\sum_{j=2k} A_j A_k^2 \cos(\phi_j - 2\phi_k) \right] \to 0$ 和 $E\left[\sum_{\substack{j+k=m \\ j<k}} A_j A_k A_m \cos(\phi_m - \phi_j - \phi_k) \right] \to 0$,从而 $S \to 0$。这也从另一个角度说明为什么传统的数字式随机振动控制系统产生的振动激励信号是偏斜度等于 0 的高斯信号。

类似前面通过二次相位调制改变信号峭度值的原理,利用式(3.50)通过二次相位调制改变信号偏斜度值的原理如下:

首先在最初生成的 $[0,2\pi]$ 上均匀分布的 $N/2$ 个随机相位角中找出所有下标满足关系 $j=2k(0 \leqslant j,k \leqslant N/2-1)$ 的相位角组合 $\{\phi_j, \phi_k\}$。当伪随机信号波形数据长度 N 较大时,满足 $j=2k(0 \leqslant j,k \leqslant N/2-1)$ 的 j、k 有多组 $\{j_1, k_1; j_2, k_2; \cdots\}$,对应的多组相位角为 $\{\phi_{j_1}, \phi_{k_1}; \phi_{j_2}, \phi_{k_2}; \cdots\}$。先对其中一组 $\{\phi_{j_1}, \phi_{k_1}\}$ 中的 ϕ_{j_1} 进行二次调制使其新的取值为 $\phi'_{j_1} = 2\phi_{k_1}$;然后计算经此二次相位调整后通过 IFFT 得到的激励信号偏斜度值 S_1。如果 S_1 与所要模拟的超高斯伪随机信号偏斜度值 S_{pseudo} 的误差超过了规定的范围,就要进行进一步的判断:如果 $S_1 < S_{\text{pseudo}}$,则选取下一组相位角 $\{\phi_{j_2}, \phi_{k_2}\}$ 中的 ϕ_{j_2} 继续进行二次调制,使其新的取值为 $\phi'_{j_2} = 2\phi_{k_2}$;如果 $S_1 > S_{\text{pseudo}}$,则选取下一组相位角 $\{\phi_{j_2}, \phi_{k_2}\}$ 中的 ϕ_{j_2} 继续进行二次调制,使其新的取值为 $\phi'_{j_2} = 2\phi_{k_2} + \pi$。再计算经此二次相位调整后通过 IFFT 得到的激励信号偏斜度值 S_2,然后继续进行上述判断。反复重复上述过程,就可以使生成激励信号的偏斜度值在所要求的精度范围内逐步逼近所要模拟的超高斯伪随机信号偏斜度值。

类似上述分析也可以针对所有下标满足关系 $j+k=m$,$j<k(0 \leqslant j,k,m \leqslant N/2-1)$ 的相位角组合 $\{\phi_j, \phi_k, \phi_m\}$ 得到相应的控制生成信号偏斜度值的方法,这里不再赘述。

4. 频谱可控的对称分布超高斯伪随机激励信号生成算法

根据上面分析得到的通过二次相位调制来控制生成信号峭度值和偏斜度值的方法,结合传统振动控制系统中功率谱模拟的原理,得到频谱可控的对称分布超高斯伪随机激励信号生成算法流程图如图 3-4 所示。其中 ε_K 是超高斯伪随机激励信号峭度值 K_{pseudo} 所容许的模拟误差,表示模拟精度。后面的算法仿真验证中发现采用本书的方法可以使得 ε_K 接近 0.1,该精度可完全满足振动环境试验的要求。

需要指出的是,图 3-4 是基于式(3.40)进行二次相位调制来生成指定频谱的对称分布超高斯伪随机激励信号的流程图,类似从式(3.39)、式(3.41)~式(3.43)出发也可以得到相应的算法流程图,限于篇幅不再列出。

5. 频谱可控的非对称分布超高斯伪随机激励信号生成算法

虽然在振动疲劳加速试验中一般只需要产生频谱可控的对称分布超高斯信号,但是在振动模拟试验中也有可能需要产生频谱可控的非对称分布超高斯信号,因为某些产品振动环境的峭度值可能大于零,同时偏斜度也不为零时(可能大于零也可能小于零),这就有必要研究频谱可控的非对称分布超高斯伪随机激励信号生成算法。该算法是在上述频谱可控的对称分布超高斯信号生成算法中加入对偏斜度值的控制,流程图如图 3-5 所示。

其中 ε_S 是超高斯伪随机激励信号偏斜度值 S_{pseudo} 所容许的模拟误差,表示模拟精度。后面的算法仿真验证中发现应用本专著的方法可以使得 ε_S 接近 0.01,该精度可完全满足振动环境试验的要求。

针对图 3-5 需要重点说明的是,由于生成指定频谱的非对称分布超高斯伪随机激励信号时最终既要使生成信号的峭度值逼近目标峭度值,又要使生成信号的偏斜度值逼近目标偏斜度值,而这些逼近都需要通过二次相位调制来实现,这里面就必须采用一定的技巧使得这两个逼近过程相对独立不互相影响。通过深入分析,采用的一种策略如下:首先选择通过对下标满足关系 $j = 2k(0 \le j, k \le N/2-1)$ 的相位角组合 $\{\phi_{j_1}, \phi_{k_1}; \phi_{j_2}, \phi_{k_2}; \cdots\}$ 进行二次相位调制来使模拟的偏斜度值逼近目标偏斜度值 S_{pseudo},并假设偏斜度值的逼近过程经历了 q 轮二次相位调制,即偏斜度值的逼近过程中最后进行调制的相位角为 $\phi_{j_q}(j_q = 2k_q)$。然后再继续利用下标满足关系 $j' = 3k(0 \le j', k \le N/2-1)$ 的相位角组合 $\{\phi'_{j_1}, \phi_{k_1}; \phi'_{j_2}, \phi_{k_2}; \cdots\}$ 来进行二次相位调制使模拟的峭度值逼近目标峭度值 K_{pseudo},不过这里要注意的是不能像生成频谱可控的对称分布超高斯伪随机激励信号中那样从 ϕ'_{j_1} 开始调制,而是应该从 $\phi'_{j_q}(j'_q = 3k_q)$ 开始。显然 $j'_q = 3k_q > j_q = 2k_q$,即峭度值逼近过程中进行首轮二次相位调制的相位角的下标值比偏斜度值逼近过程中进行末轮二次相位调制的相位角的下标值要大,这样就可以避免后续的峭度值逼近过程中二次相位调制对先前已调整好的峭度值的影响。

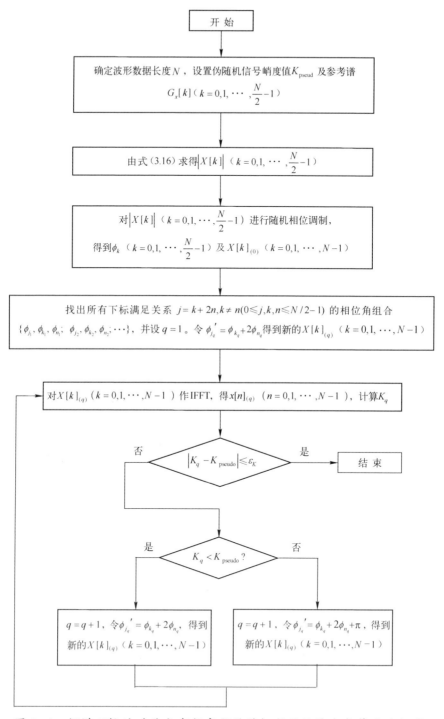

图 3-4　频谱可控的对称分布超高斯伪随机激励信号生成算法流程图

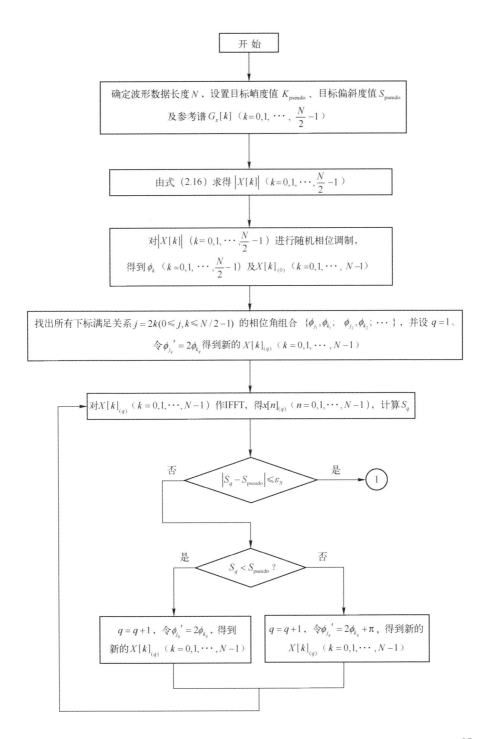

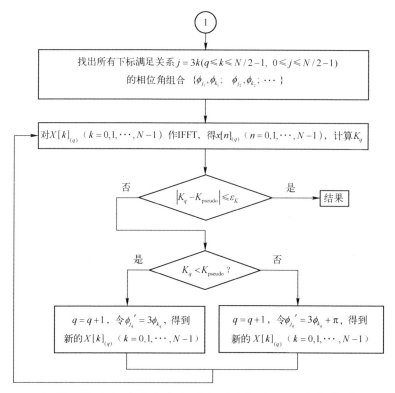

图 3-5 频谱可控的非对称分布超高斯伪随机激励信号生成算法流程图

3.1.2 基于时域随机化的非高斯真随机振动信号生成算法

伪随机信号的频谱为线谱(离散谱),能量集中在原谱的离散采样频率点上。当试件的共振带宽小于 $2\Delta f$(Δf 为振动控制系统的频率分辨率)时,可能会在某些共振频率和激励频率上产生欠试验,这对控制精度和安全性要求较高的振动试验是不适宜的,更有可能影响振动试验激发产品缺陷的效率。产品实际经历的随机振动环境一般也是非周期的,因此为了克服伪随机驱动信号的上述不足,需要进一步研究频谱可控的超高斯真随机振动激励信号生成技术。

传统的随机振动控制系统在生成高斯真随机激励信号的过程中,主要存在两种方法:一种是将 IFFT 变换后得到的伪随机信号与满足高斯分布的真随机信号进行卷积;另一种是以加窗重叠为核心的时域随机化方法。采用卷积的方法不需要进行加窗处理,因而保证了实际驱动功率谱不会失真,但是卷积的运算量太大,目前很多系统只能通过硬件实现,以保证整个控制的实时性。采用以加窗重叠为核心的时域随机化方法,相对卷积运算而言计算量较小,因此现有的随机振动控制系统大多采用时域随机化方法得到连续的真随机激励信号[5]。本节在 3.1.1 节传统随机振动控制系统超高斯伪随机激励信号生成技术的基础上,进一步研究基于时域随机化的超高斯真随机激励信号生成方法。

1. 时域随机化基本原理

目前,振动控制系统中普遍采用的以加窗和重叠操作为核心的时域随机化处理过程如图 3-6 所示。

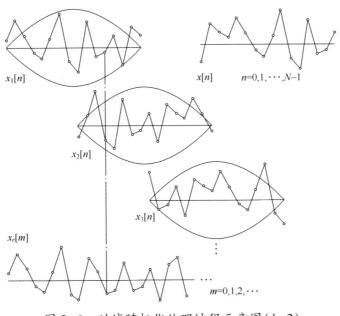

图 3-6　时域随机化处理过程示意图($l=2$)

1) 基本过程

第一步,对长度为 N 点的伪随机序列 $x[n]$ 进行随机抽头,依次重排后用适当的窗函数(通常用半正弦窗或汉宁窗)对重排序列进行加权;第二步,将两个重排加权后的序列相错半个周期(即 $N/2$ 个点,也可以重叠 $N/4$ 个点等)进行叠加,如图 3-6 中的竖点划线所示。不断重复上述步骤,只要对序列进行随机抽头的操作无周期性,那么最后生成的序列 $x_t[m]$ 就是真随机序列。并且已经有文献证明,在伪随机序列 $x[n]$ 为高斯分布时,$x_t[m]$ 将保持 $x[n]$ 的幅值分布特征和自功率谱密度特征。

2) "随机抽头,依次重排"的数学描述

图 3-6 中,若将 $x[n]$ 称为母序列,将 $x_i[n]$ 称为第 i 个重排序列,那么"随机抽头,依次重排"的数学描述如下:

首先随机地在母序列 $x[n]$ 中选取一个元素作为重排序列 $x_i[n]$ 中的第一个元素，设随机抽取的结果为

$$x_i[0] = x[j], i = 0, 1, \cdots \qquad (3.51)$$

式(3.51)中，$j \in [0, N-1]$。重排序列 $x_i[n]$ 中的其他元素与母序列 $x[n]$ 中的元素对应关系分别为

$$x_i[0] = x[j], x_i[1] = x[j+1], \cdots, x_i[N-j-1] = x[N-1],$$
$$x_i[N-j] = x[0], x_i[N-j+1] = x[1], \cdots, x_i[N-1] = x[j-1]$$

设 $p[i]$ 为已知且服从 $(0, 1)$ 均布的随机数序列值，那么式(3.51)中随机抽头序号 j 的计算公式为

$$j = [N \cdot p[i]], \quad i = 0, 1, \cdots \qquad (3.52)$$

式中：[ ]为截尾取整符号。

显然，$x_t[m]$ 最终是否存在周期性取决于 $x[n]$ 重排前随机抽头操作是否存在周期性。生成的真随机序列 $x_t[m]$ 越长，需要的随机抽头的次数 i 越多。这样，控制系统在做时域随机化处理时就必须不断地产生或预先存储足够多的随机数 j。

容易看出，当相错 $1/2$ 个周期进行叠加时，最后生成的真随机序列任一时刻的瞬时值都是由 2 个相邻的加窗伪随机序列进行叠加而来；当相错 $1/4$ 个周期进行叠加时，相应参与叠加的加窗伪随机序列则有 4 个。为便于后续描述和推导，定义 $l(l \geqslant 2$，并且为整数)为时域随机化的重叠因子，代表参与叠加的相邻加窗伪随机序列数目，也即表示每两个相邻加窗伪随机序列相错 $1/l$ 个周期进行叠加。

2. 基于时域随机化的超高斯真随机激励信号生成算法

高斯伪随机信号经过时域随机化后成为高斯真随机信号，并保持功率谱密度基本不变，这已被证明并在数字式随机振动控制系统中得到广泛应用。但是，超高斯伪随机信号经过时域随机化后是否会成为超高斯真随机信号，特别是表征非高斯性的峭度值和偏斜度值这两个重要参数会不会发生变化尚不清楚。因此，下面通过分析随机振动控制系统中时域随机化环节对超高斯伪随机驱动信号幅值特性尤其是峭度值和偏斜度值的影响，来寻找具有指定功率谱和指定峭度值(偏斜度值)的超高斯真随机激励信号生成方法。

1）时域随机化对峭度值的影响分析

经过对各种窗函数的比较，目前在随机振动控制系统中时域随机化最常采用的窗函数有两种，即半正弦窗和汉宁(Hanning)窗：

半正弦窗：
$$\begin{cases} w(t) = \sin\pi\dfrac{t}{T}, & 0 \leqslant t \leqslant T \\ w(t) = 0, & t > T \text{ 或 } t < 0 \end{cases} \qquad (3.53)$$

汉宁窗：
$$\begin{cases} w(t)=\dfrac{1}{2}+\dfrac{1}{2}\cos\dfrac{2\pi}{T}\left(t-\dfrac{T}{2}\right), & 0\leqslant t\leqslant T \\ w(t)=0, & t>T \text{ 或 } t<0 \end{cases} \quad (3.54)$$

当重叠因子为 l 时，与第 i 个伪随机序列 $x_i(n)$ 对应的窗函数为

$$w_i(t)=w\left(t-\dfrac{i-1}{l}T\right), \quad i=1,2,\cdots,l \quad (3.55)$$

根据前面对时域随机化原理的描述，可以得出时域随机化后的真随机信号表达式：

$$y(t)=\sum_{i=1}^{l} w_i(t)x_i(t) \quad (3.56)$$

式中：$x_i(t)$ 为对应于第 i 个伪随机序列 $x_i(n)$ 的连续随机变量；$w_i(t)$ 为给 $x_i(t)$ 加上的相应窗函数；$y(t)$ 为最后生成的真随机序列 $x_t[m]$ 对应的连续随机变量；l 为重叠因子。

设 $x(t)$ 是原伪随机母序列 $x[n]$ 对应的连续随机变量，根据文献[9]归零化峭度可定义如下：

$$K_x=\dfrac{M_4^x}{(M_2^x)^2}-3, \quad K_y=\dfrac{M_4^y}{(M_2^y)^2}-3 \quad (3.57)$$

由于随机振动试验一般都要求激励信号的均值为零，因此其中心矩等于原点矩。经过时域随机化后得到的超高斯真随机信号的二阶中心矩 M_2^y 和四阶中心矩 M_4^y 可展开如下：

$$\begin{aligned} M_2^y &= E[y^2(t)] \\ &= E\left[\left(\sum_{i=1}^{l} w_i(t)x_i(t)\right)^2\right] \\ &= E\left[\sum_{i=1}^{l} w_i^2(t)x_i^2(t) + 2\sum_{i=1}^{l-1}\sum_{m=i+1}^{l} w_i(t)w_m(t)x_i(t)x_m(t)\right] \end{aligned} \quad (3.58)$$

$$\begin{aligned} M_4^y &= E[y^4(t)] \\ &= E\left[\left(\sum_{i=1}^{l} w_i(t)x_i(t)\right)^4\right] \\ &= E\left[\sum_{i=1}^{l} w_i^4 x_i^4 + 6\sum_{i=1}^{l-1}\sum_{m=i+1}^{l} w_i^2 w_m^2 x_i^2 x_m^2 + 4\sum_{i=1}^{l-1}\sum_{m=i+1}^{l} w_i w_m x_i x_m(w_i^2 x_i^2 + w_m^2 x_m^2)\right] + \\ &\quad E\left[12\sum_{i=1}^{l-2}\sum_{m=i+1}^{l-1}\sum_{j=m+1}^{l} w_i w_m w_j x_i x_m x_j(w_i x_i + w_m x_m + w_j x_j) + \right. \\ &\quad \left. 24\sum_{i=1}^{l-3}\sum_{m=i+1}^{l-2}\sum_{j=m+1}^{l-1}\sum_{k=j+1}^{l} w_i w_m w_j w_k x_i x_m x_j x_k\right] \end{aligned} \quad (3.59)$$

由于 $x_1(t),x_2(t),\cdots,x_l(t)$ 是相互独立的随机过程，且由前面分析的时域

随机化原理可知这些子样的特性与母体 $x(t)$ 的平均特性相同,则上面的式(3.58)和式(3.59)可简化为

$$M_2^y = E\left[\sum_{i=1}^{l} w_i^2(t) x_i^2(t)\right]$$

$$= E[x^2(t)] E\left[\sum_{i=1}^{l} w_i^2(t)\right] = M_2^x E\left[\sum_{i=1}^{l} w_i^2\right] \tag{3.60}$$

$$M_4^y = E\left[\sum_{i=1}^{l} w_i^4 x_i^4 + 6\sum_{i=1}^{l-1}\sum_{m=i+1}^{l} w_i^2 w_m^2 x_i^2 x_m^2\right]$$

$$= M_4^x E\left[\sum_{i=1}^{l} w_i^4\right] + 6(M_2^x)^2 E\left[\sum_{i=1}^{l-1}\sum_{m=i+1}^{l} w_i^2 w_m^2\right] \tag{3.61}$$

令

$$a = E\left[\sum_{i=1}^{l} w_i^2\right], \quad b = E\left[\sum_{i=1}^{l} w_i^4\right], \quad c = E\left[\sum_{i=1}^{l-1}\sum_{m=i+1}^{l} w_i^2 w_m^2\right] \tag{3.62}$$

则

$$M_2^y = a M_2^x \tag{3.63}$$

$$M_4^y = b M_4^x + 6c(M_2^x)^2 \tag{3.64}$$

将式(3.63)、式(3.64)代入式(3.57)可得

$$K_y = \frac{b}{a^2}(K_x + 3) + \frac{6c}{a^2} - 3 = \frac{b}{a^2} K_x + \frac{3b+6c}{a^2} - 3 \tag{3.65}$$

再令

$$d = \frac{b}{a^2}, \quad e = \frac{3b+6c}{a^2} - 3 \tag{3.66}$$

则

$$K_y = d K_x + e \tag{3.67}$$

显然,当时域随机化的窗函数 $w(t)$ 和重叠因子 l 这两个参数确定后,a、b、c 将是常数,由式(3.66)可知系数 d、e 也是常数,从而 K_y 和 K_x 之间将是如式(3.67)所示的线性关系。

将式(3.55)式代入式(3.62)得

$$\begin{cases} a = \dfrac{l}{T} \displaystyle\int_0^{\frac{T}{l}} \sum_{i=1}^{l} \left\{ w\left(t + \dfrac{i-1}{l}T\right) \right\}^2 \mathrm{d}t \\[4mm] b = \dfrac{l}{T} \displaystyle\int_0^{\frac{T}{l}} \sum_{i=1}^{l} \left\{ w\left(t + \dfrac{i-1}{l}T\right) \right\}^4 \mathrm{d}t \\[4mm] c = \dfrac{l}{T} \displaystyle\int_0^{\frac{T}{l}} \sum_{i=1}^{l-1} \sum_{m=i+1}^{l} \left\{ w\left(t + \dfrac{i-1}{l}T\right) w\left(t + \dfrac{m-1}{l}T\right) \right\}^2 \mathrm{d}t \end{cases} \tag{3.68}$$

下面针对重叠因子 $l = 2$ 以及半正弦窗的情形进行理论推导求系数 a、b、c 的值。

当 $l = 2$ 时,由式(3.68)可得

$$a = \frac{2}{T} \int_0^{\frac{T}{2}} \left[\sin^2 \frac{\pi}{T} t + \sin^2 \left(\frac{\pi}{T} t - \frac{\pi}{2} \right) \right] \mathrm{d}t = 1$$

$$b = \frac{2}{T} \int_0^{\frac{T}{2}} \left[\sin^4 \frac{\pi}{T} t + \sin^4 \left(\frac{\pi}{T} t - \frac{\pi}{2} \right) \right] \mathrm{d}t$$

$$= \frac{2}{T} \int_0^{\frac{T}{2}} \left[\sin^4 \frac{\pi}{T} t + \cos^4 \frac{\pi}{T} t \right] \mathrm{d}t$$

$$= \frac{2}{T} \int_0^{\frac{T}{2}} \left[1 - 2 \sin^2 \frac{\pi}{T} t \cos^2 \frac{\pi}{T} t \right] \mathrm{d}t$$

$$= 1 - \frac{1}{2\pi} \int_0^{\pi} \sin^2 \tau \mathrm{d}\tau$$

$$= \frac{3}{4}$$

$$c = \frac{2}{T} \int_0^{\frac{T}{2}} \sin^2 \frac{\pi}{T} t \cos^2 \frac{\pi}{T} t \mathrm{d}t$$

$$= \frac{1}{4\pi} \int_0^{\pi} \sin^2 \tau \mathrm{d}\tau$$

$$= \frac{1}{8}$$

将 a、b、c 的值代入式(3.66)得 $d = 0.75$,$e = 0$,从而 $K_y = 0.75 K_x$($l = 2$,窗函数为半正弦窗)。由此可知:时域随机化后得到的超高斯真随机信号峭度值与时域随机化前的超高斯伪随机信号峭度值成正比,并相对变小(约为超高斯伪随机信号峭度值的 0.75)。值得注意的是,式(3.66)中的常数项 $e = \frac{3b + 6c}{a^2} - 3$ 等于零,这和已有理论分析和文献[10]中的结论是一致的。因为峭度值 K_x 为零的高斯伪随机信号经过时域随机化得到的高斯真随机信号的峭度值 K_y 必定也为零,如果常数项 $d \neq 0$,则该结论显然无法成立。这也从另外一个角度证明了上述理论分析和推导过程的正确性。

从上面的推导过程可以看出,当重叠因子 l 取值较大时通过理论推导去求 a、b、c 的值会很困难。可借助 Matlab 的符号积分功能得到 a、b、c 的值与重叠因子 l 以及窗函数之间的关系如下:

半正弦窗：
$$\begin{cases} a = \dfrac{l}{2} \\ b = \dfrac{3}{8}l \\ c = \dfrac{l}{16}(2l-3) \end{cases} \tag{3.69}$$

汉宁窗：
$$\begin{cases} a = \dfrac{3l}{8} \\ b = \dfrac{35}{128}l \\ c = \dfrac{9}{128}l^2 - \dfrac{35}{256}l \end{cases} \tag{3.70}$$

分别将式(3.69)、式(3.70)代入式(3.66)得

半正弦窗：
$$\begin{cases} d = \dfrac{3}{2l} \\ e = 0 \end{cases} \tag{3.71}$$

汉宁窗：
$$\begin{cases} d = \dfrac{35}{18l} \\ e = 0 \end{cases} \tag{3.72}$$

再分别将式(3.71)式、式(3.72)代入式(3.67)得

半正弦窗：
$$K_y = \frac{3}{2l}K_x, \quad l \geqslant 2 \tag{3.73}$$

汉宁窗：
$$K_y = \frac{35}{18l}K_x, \quad l \geqslant 2 \tag{3.74}$$

以上式(3.73)、式(3.74)就是时域随机化前后信号峭度值之间的关系表达式,为了更加直观地看出时域随机化对信号峭度值的影响,分别针对半正弦窗和汉宁窗选取一些典型的重叠因子值作图 3-7 如下：

显然,当重叠因子 $l=2$ 时由式(3.73)得 $K_y = 0.75K_x$,这与前面针对重叠因子 $l=2$ 以及半正弦窗进行的理论推导结论是完全一致的。并且当窗函数为半正弦窗或汉宁窗时,无论重叠因子 l 取何值,e 都恒等于零,从而保证了当 $K_x=0$ 时 $K_y=0$,即峭度值为 0 的高斯伪随机信号经过时域随机化后得到峭度值为 0 的高斯真随机信号,这也从另外一个角度再次说明了传统的随机振动控制系统中普遍采用半正弦窗或汉宁窗进行时域随机化来生成高斯真随机激励信号的可行性和必要性。

由图 3-7 可知:时域随机化前后的伪随机和真随机信号峭度值之间成正比

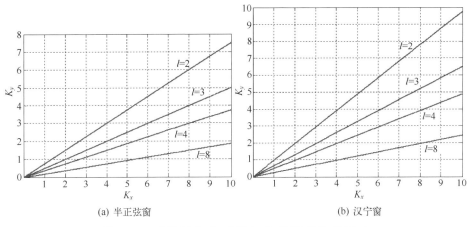

(a) 半正弦窗　　　　　　　　　　　(b) 汉宁窗

图 3-7　时域随机化对随机信号峭度值的影响

的线性关系,虽然输出的超高斯真随机信号峭度值相对输入的超高斯伪随机信号峭度值变小,并且重叠因子取值越大峭度值减小的程度越厉害,但是时域随机化后得到的真随机信号仍然保持了时域随机化前伪随机信号的超高斯特性。这是因为如果 $K_x>0$(即进行时域随机化的伪随机信号是超高斯信号),则由式(3.73)、式(3.74)可知 $K_y>0$(即得到的真随机信号必然也为超高斯信号)。这说明振动控制系统中采用时域随机化来生成超高斯真随机信号是可行的。在实际的振动控制中,可以先依据式(3.73)、式(3.74)从所要模拟的超高斯真随机信号峭度值 K_y 推算出超高斯伪随机信号的峭度值 K_x,然后采用 3.1.1 节中的方法生成具有指定功率谱密度分布和指定峭度值的超高斯伪随机激励信号,再按照本节的方法对其进行时域随机化就可以最终得到具有指定功率谱密度分布和指定峭度值的超高斯真随机激励信号。

2)时域随机化对偏斜度值的影响分析

根据偏斜度定义

$$S_x = \frac{M_3^x}{(M_2^x)^{1.5}}, \qquad S_y = \frac{M_3^y}{(M_2^y)^{1.5}} \tag{3.75}$$

由于随机振动试验一般都要求激励信号的均值为零,因此其中心矩等于原点矩,经过时域随机化后得到的超高斯真随机信号的三阶中心矩 M_3^y 可展开如下:

$$M_3^y = E[y^3(t)]$$

$$= E\left[\left(\sum_{i=1}^{l} w_i(t)x_i(t)\right)^3\right]$$

$$= E\left[\sum_{i=1}^{l} w_i^3 x_i^3 + 3\sum_{i=1}^{l-1}\sum_{m=i+1}^{l} w_i w_m x_i x_m (w_i x_i + w_m x_m) + 6\sum_{i=1}^{l-3}\sum_{m=i+1}^{l-2}\sum_{j=m+1}^{l-1} w_i w_m w_j x_i x_m x_j\right]$$

$$= E\left[\sum_{i=1}^{l} w_i^3 x_i^3\right]$$

$$= M_3^x E\left[\sum_{i=1}^{l} w_i^3\right] \tag{3.76}$$

令

$$f = E\left[\sum_{i=1}^{l} w_i^3\right] \tag{3.77}$$

则

$$M_3^y = f M_3^x \tag{3.78}$$

将式(3.63)和式(3.78)代入式(3.75)得

$$S_y = \frac{f M_3^x}{(a M_2^x)^{1.5}} = \frac{f}{a^{1.5}} S_x \tag{3.79}$$

将式(3.55)代入式(3.77)得

$$f = \frac{l}{T}\int_0^{\frac{T}{l}} \sum_{i=1}^{l}\left\{w\left(t + \frac{i-1}{l}T\right)\right\}^3 \mathrm{d}t \tag{3.80}$$

分别将式(3.53)和式(3.54)代入式(3.80),得

半正弦窗:
$$f = \frac{4l}{3\pi} \tag{3.81}$$

汉宁窗:
$$f = \frac{5l}{16} \tag{3.82}$$

再分别将式(3.69)、式(3.81)或式(3.70)、式(3.82)代入式(3.79)得

半正弦窗:
$$S_y = \frac{8\sqrt{2}}{3\pi\sqrt{l}} S_x \approx \frac{1.2004}{\sqrt{l}} S_x, \quad l \geq 2 \tag{3.83}$$

汉宁窗:
$$S_y = \frac{5\sqrt{6}}{9\sqrt{l}} S_x \approx \frac{1.3608}{\sqrt{l}} S_x, \quad l \geq 2 \tag{3.84}$$

以上式(3.83)、式(3.84)就是时域随机化前后信号偏斜度值之间的关系表达式,为了更加直观地看出时域随机化对信号偏斜度值的影响,分别针对半正弦窗和汉宁窗选取一些典型的重叠因子值作图 3-8 如下:

显然,当窗函数为半正弦窗或汉宁窗时,无论重叠因子 l 取何值,当 $S_x = 0$ 时都有 $S_y = 0$,即偏斜度值为 0 的高斯伪随机信号经过时域随机化后得到偏斜度值为 0 的高斯真随机信号,这一结论与前述峭度推导结论是一致的。

由图 3-8 可知:时域随机化前后的伪随机和真随机信号偏斜度值之间成正

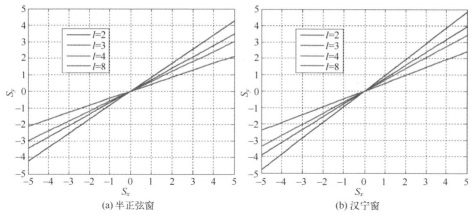

(a) 半正弦窗　　　　　　　　　　　　　(b) 汉宁窗

图 3-8　时域随机化对信号偏斜度值的影响

比的线性关系,虽然输出的非对称超高斯真随机信号峭度值相对输入的非对称超高斯伪随机信号偏斜度值变小,并且重叠因子 l 取值越大偏斜度值减小的程度越厉害,但是时域随机化后得到的真随机信号仍然保持了时域随机化前伪随机信号的非对称特性。这是因为如果 $S_x>0$(即进行时域随机化的伪随机信号是偏斜度大于 0 的超高斯信号),则由式(3.83)、式(3.84)可知 $S_y>0$(即得到的真随机信号必然也为偏斜度大于 0 的超高斯信号);如果 $S_x<0$(即进行时域随机化的伪随机信号是偏斜度小于 0 的超高斯信号),则由式(3.83)、式(3.84)可知 $S_y<0$(即得到的真随机信号必然也为偏斜度小于 0 的超高斯信号)。这说明振动控制系统中采用时域随机化来生成偏斜度不为 0 的非对称分布超高斯真随机信号是可行的。在实际的振动控制中,可以先依据式(3.83)、式(3.84)从所要模拟的超高斯真随机信号偏斜度值 S_y 推算出超高斯伪随机信号的偏斜度值 S_x,然后采用 3.1.1 节中的方法生成具有指定功率谱密度分布、指定峭度值和偏斜度值的超高斯伪随机激励信号,再按照本节的方法对其进行时域随机化就可以最终得到具有指定功率谱密度分布、指定峭度值和偏斜度值的超高斯真随机激励信号。

3.1.3　基于相位调制与时域随机化的非高斯随机振动控制算法

1. 频谱可控的对称分布超高斯真随机振动控制算法

根据以上分析,假设所要生成的对称分布超高斯真随机激励信号的目标峭度值为 K_{target},则频谱可控的对称分布超高斯真随机激励信号生成算法流程如下:

(1)首先确定时域随机化的窗函数和重叠因子 l。窗函数可以选用半正弦窗或汉宁窗;而 l 越大对伪随机信号的随机化效果越好,但是 l 越大信号的峭度值减小的程度也越厉害,导致对应的伪随机信号峭度值也越大,从而使二次相位调制的时间也变长,进而影响整个控制回路的实时性。因此权衡考虑,取 $l=4$(传统的高斯真随机振动控制一般取 $l=2$)。

(2)然后根据式(3.73)、式(3.74),由超高斯真随机信号峭度值 K_{target} 确定相应的超高斯伪随机信号峭度值 K_{pseudo} 如下:

半正弦窗: $$K_{pseudo}=\frac{2l}{3}K_{target}, \quad l\geqslant 2 \quad\quad (3.85)$$

汉宁窗: $$K_{pseudo}=\frac{18l}{35}K_{target}, \quad l\geqslant 2 \quad\quad (3.86)$$

(3)根据上一步得到的超高斯伪随机信号峭度值 K_{pseudo} 和所要模拟的参考功率谱 $G_r(f)$,按照频谱可控的对称分布超高斯伪随机激励信号生成算法生成相应的超高斯伪随机信号,然后按第一步中确定的窗函数和重叠因子对其进行时域随机化就可以得到符合要求的超高斯真随机激励信号。

以上超高斯真随机激励信号生成流程整体来看是一个开环的流程(虽然局部含有多次的二次相位调制),这是由于给定超高斯真随机信号的参考谱和目标峭度值后,按照上述流程就可以保证得到符合模拟精度要求的激励信号。但是将上述激励信号通过 D/A 转换成模拟信号再送入功率放大器去驱动振动台后,振动台面(或试件上)的响应信号特性受各种传递环节的影响可能会发生变化,这就需要再进行闭环的峭度值均衡。

传统的高斯随机振动控制流程如图 3-9 所示,其中只包含了一个功率谱密度均衡过程,这是因为对高斯激励信号来说,其幅值概率分布仅由均值和方差确定。振动激励信号的均值一般为零,方差可由功率谱密度曲线下面的面积来确定,所以确定了高斯激励信号的功率谱密度,就确定了其幅值分布。

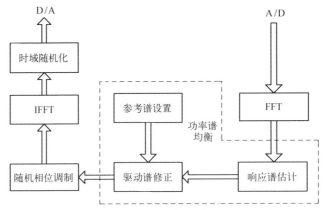

图 3-9　频谱可控的对称分布高斯真随机振动控制流程图

　　而对超高斯随机振动控制来说,仅仅进行功率谱均衡还不行,因为超高斯激励信号的幅值分布不由功率谱确定。由于信号的功率谱不包含相位信息,只跟幅值谱有关,对相位角的再调制不会影响功率谱的均衡而只会改变生成信号的幅值分布(如峭度值)。在传统频谱再现式数字随机振动控制系统进行功率谱均衡过程的同时,独立同步地进行峭度值均衡,即根据设置的目标峭度值和估计的 A/D 采样响应信号峭度值得到下一步伪随机激励信号的峭度值;然后根据该峭度值对经随机相位调制后得到的驱动幅值谱进行二次相位调制,从而得到新的含有二次相位调制信息的驱动幅值谱;将该新的驱动幅值谱进行 IFFT 变换得到具有周期性的超高斯伪随机数字激励信号;再将生成的超高斯伪随机数字激励信号送入时域随机化模块,得到具有指定功率谱和指定峭度值的超高斯真随机数字激励信号,最后经过数/模转换(即 D/A)模块变成模拟信号去驱动振动台。上述功率谱均衡过程和峭度值均衡过程反复进行,以使控制点的信号达到并保持试验要求的控制精度,最终实现指定功率谱的对称分布超高斯真随机振动环境模拟。整个流程如图 3-10 所示。

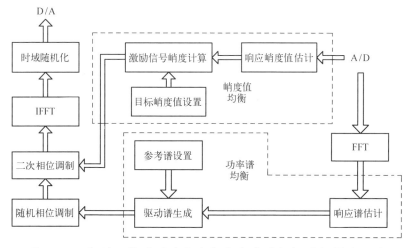

图 3-10　频谱可控的对称分布超高斯真随机振动控制流程图

　　其中具体的峭度值均衡过程如下:

(1) 设置驱动信号的初始峭度值。

　　开始控制时,设置超高斯伪随机驱动信号的初始峭度值 $K_x^{(0)}$ 如下:

$$K_x^{(0)} = \alpha K_{\text{target}} \tag{3.87}$$

　　其中比例系数 α 是为抵消后续的时域随机化模块对峭度值的影响而设置的,可根据式(3.85)、式(3.86)确定如下:

半正弦窗：
$$\alpha = \frac{2l}{3}, \quad l \geqslant 2 \qquad (3.88)$$

汉宁窗：
$$\alpha = \frac{18l}{35}, \quad l \geqslant 2 \qquad (3.89)$$

（2）响应峭度值估计。

对系统 A/D 采样得到的初始响应信号的峭度值进行估计，设初始估计值为 $\hat{K}_y^{(0)}$，相应后续的第 i 次响应峭度值估计为 $\hat{K}_y^{(i)}$。

（3）计算下一次激励信号的峭度值。

第 1 次峭度值均衡的结果为 $K_x^{(1)} = \dfrac{\alpha\ (K_{target})^2}{\hat{K}_y^{(0)}}$，将其作为第 2 次激励信号的峭度值进行后续的二次相位调制；

相应第 i 次峭度值均衡的结果为 $K_x^{(i)} = \dfrac{\alpha\ (K_{target})^2}{\hat{K}_y^{(i-1)}}$，将其作为第 $i+1$ 次激励信号的峭度值进行后续的二次相位调制。

如此通过反复均衡，最终便可以使响应峭度估计值 $\hat{K}_y$ 在一定的精度下逼近所要模拟的目标峭度值 K_{target}。

2. 频谱可控的非对称分布超高斯真随机振动控制算法

根据以上分析，假设所要生成的非对称分布超高斯真随机激励信号的目标峭度值为 K_{target}、目标偏斜度值为 S_{target}，则频谱可控的非对称分布超高斯真随机激励信号生成流程如下：

（1）首先确定时域随机化的窗函数和重叠因子 l，窗函数可以选用半正弦窗或汉宁窗。

（2）然后根据式（3.83）、式（3.84），由超高斯真随机信号偏斜度值 S_{target} 确定相应的超高斯伪随机信号偏斜度值 S_{pseudo} 如下：

半正弦窗：
$$S_{pseudo} = \frac{3\pi\sqrt{l}}{8\sqrt{2}} S_{target}, \quad l \geqslant 2 \qquad (3.90)$$

汉宁窗：
$$S_{pseudo} = \frac{9\sqrt{l}}{5\sqrt{6}} S_{target}, \quad l \geqslant 2 \qquad (3.91)$$

而相应的超高斯伪随机信号峭度值 K_{pseudo} 由式（3.85）、式（3.86）确定。

（3）根据上一步得到的超高斯伪随机信号峭度值 K_{pseudo}、偏斜度值 S_{pseudo} 和所要模拟的参考功率谱 $G_r(f)$，按照频谱可控的非对称分布超高斯伪随机激励信号生成算法生成相应的超高斯伪随机信号，然后按第一步中确定的窗函数和重叠因子对其进行时域随机化就可以得到符合要求的超高斯真随机激励信号。

将上述激励信号通过 D/A 转换成模拟信号再送入功率放大器去驱动振动台后,振动台面(或试件上)的响应信号特性受各种传递环节的影响可能会发生变化,这就需要再进行闭环的均衡过程。由于这里除了控制信号的功率谱密度和峭度值外,还要控制偏斜度值,因此必须增加一个偏斜度均衡过程,如图 3-11 所示。

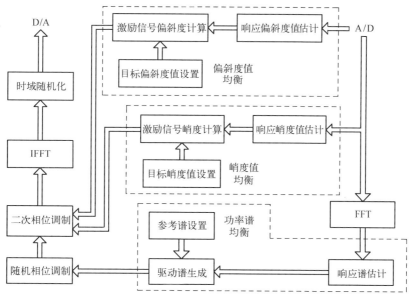

图 3-11　频谱可控的非对称分布超高斯真随机振动控制流程图

其中具体的偏斜度值均衡过程如下:

(1) 设置驱动信号的初始偏斜度值。

开始控制时,设置超高斯伪随机驱动信号的初始峭度值 $S_x^{(0)}$ 如下:

$$S_x^{(0)} = \beta S_{\text{target}} \tag{3.92}$$

其中比例系数 β 是为抵消后续的时域随机化模块对偏斜度值的影响而设置的,可根据式(3.90)、式(3.91)确定如下:

半正弦窗:
$$\beta = \frac{3\pi\sqrt{l}}{8\sqrt{2}}, \quad l \geqslant 2 \tag{3.93}$$

汉宁窗:
$$\beta = \frac{9\sqrt{l}}{5\sqrt{6}}, \quad l \geqslant 2 \tag{3.94}$$

(2) 响应偏斜度值估计。

对系统 A/D 采样得到的初始响应信号的偏斜度值进行估计,设初始估计值

为 $\hat{S}_y^{(0)}$，相应后续的第 i 次响应偏斜度估计值为 $\hat{S}_y^{(i)}$。

（3）计算下一次激励信号的偏斜度值。

第 1 次偏斜度值均衡的结果为 $S_x^{(1)} = \dfrac{\beta(S_{\text{target}})^2}{\hat{S}_y^{(0)}}$，将其作为第 2 次激励信号的偏斜度值进行后续的二次相位调制；

相应第 i 次偏斜度值均衡的结果为 $S_x^{(i)} = \dfrac{\beta(S_{\text{target}})^2}{\hat{S}_y^{(i-1)}}$，将其作为第 $i+1$ 次激励信号的偏斜度值进行后续的二次相位调制。

如此通过反复均衡，最终便可以使响应偏斜度估计值 $\hat{S}_y$ 在一定的精度下逼近所要模拟的目标偏斜度值 S_{target}。

3.1.4　示例

为验证上述频谱可控的对称和非对称超高斯真随机激励信号生成与控制算法的有效性和正确性，针对不同带宽（宽带、窄带）、不同谱形（平直谱、梯形谱、三角谱）、不同峭度值和不同偏斜度值的伪随机激励信号，分别采用不同的窗函数和重叠因子进行时域随机化，并对生成的真随机信号进行了平稳性、周期性和正态性检验。整个数值仿真验证过程如下。

1. 宽带平直谱

假设所要模拟的超高斯和高斯随机振动激励信号功率谱均为 $20 \sim 2000\text{Hz}$ 上的宽带平直谱，功率谱密度量级为 $0.02g^2/\text{Hz}$，加速度总均方根值约为 $6.29g$，如图 3-12 所示。图 3-13 所示是采用传统方法模拟的宽带高斯伪随机和真随机激励信号的时域波形，可以看出宽带高斯伪随机激励信号经时域随机化后得到平稳的无周期性的宽带高

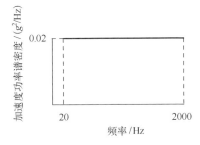

图 3-12　所要模拟的激励信号功率谱（宽带平直谱）

斯真随机信号（采用半正弦窗，$l=2$），这与前面的分析结论是一致的。

图 3-14 是采用 3.1.3 节所述方法生成的对称分布宽带超高斯激励信号。模拟时设定的超高斯伪随机信号目标峭度值为 8，最终生成的超高斯伪随机信号峭度值为 7.9，偏斜度为 0，如图 3-14（a）所示；然后采用半正弦窗和 $l=4$ 对其进行时域随机化，得到如图 3-14（b）所示的对称分布超高斯真随机信号。

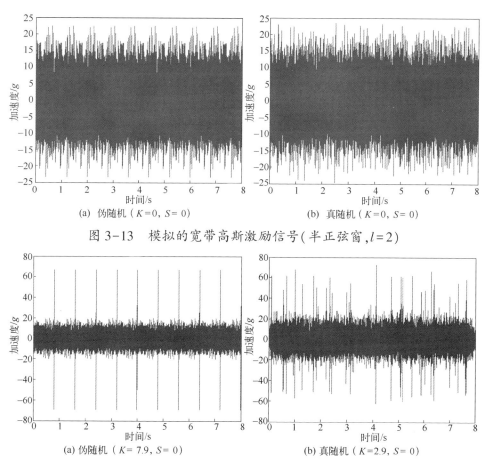

(a) 伪随机 ($K=0, S=0$)　　　　　　(b) 真随机 ($K=0, S=0$)

图 3-13　模拟的宽带高斯激励信号 (半正弦窗, $l=2$)

(a) 伪随机 ($K=7.9, S=0$)　　　　　(b) 真随机 ($K=2.9, S=0$)

图 3-14　模拟的对称分布宽带超高斯随机激励信号 1 (半正弦窗, $l=4$)

对生成的超高斯真随机信号进行平稳性、周期性和正态性检验,其中平稳性检验是采用轮次检验法进行,周期性是通过考察自相关函数曲线中是否包含周期成分进行检验,而高斯 (正态) 性是通过直接计算信号的偏斜度和峭度值进行检验。图 3-15 是图 3-14 (b) 所示信号的自相关函数,可以看出其自相关峰值随着时间延迟的增加衰减很快,且无明显的周期成分。图 3-16 是利用轮次检验法对其进行平稳性检验的结果,数据分为 50 段,轮次数为 30,查轮次分布表可知属于平稳认可区间 $[16,35]$,因此在显著水平为 0.01 (即 99% 的置信度水平) 时可以认为是平稳信号。计算该信号的偏斜度值为 0.04,峭度值为 2.9,这与式 (3.73) 中取 $l=4$ 得到的结果是一致的。

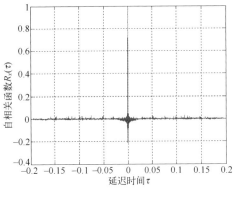

图 3-15　超高斯激励信号 1 的
自相关函数

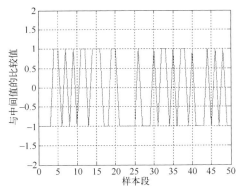

图 3-16　超高斯激励信号 1 的
轮次检验图

为了更进一步充分验证式(3.73)的正确性,保持模拟的功率谱不变,按照前面得到的超高斯伪随机驱动信号生成算法仿真生成峭度值 K_x 依次为 5,10,20 的超高斯伪随机信号,然后分别采用不同的重叠因子和半正弦窗进行时域随机化得到相应的超高斯真随机信号,最后分析对比时域随机化前后信号的峭度值,结果如表 3-1 所列。

表 3-1　时域随机化对峭度值的影响(半正弦窗)

K_x ＼ K_y ＼ l	2	4	8
0	0	0	0
5	3.85	1.90	0.92
10	7.82	3.71	1.86
20	15.09	7.60	3.76

根据表 3-1 中的数据进行曲线拟合,可以得到跟图 3-7(a)所示非常接近的曲线,这充分验证了前面关于时域随机化中半正弦窗函数对信号峭度值影响的理论分析和推导结论是正确的。

2. 窄带平直谱

假设所要模拟的超高斯和高斯随机激励信号的功率谱均为 165~185Hz 上的窄带平直谱,功率谱密度量级为 $0.2g^2/Hz$,加速度总均方根值为 $2g$,如图 3-17 所示。从图 3-18 所示可以看出,窄带高斯伪随机激励信号经时域随机化后得到平稳的无周期性的窄带高斯真随机信号(采用汉宁窗,$l=2$ 进行时域随机化),这与前面的分析结论也是一致的。

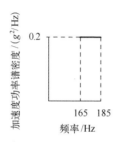

图 3-17　所要模拟的激励信号功率谱(窄带平直谱)

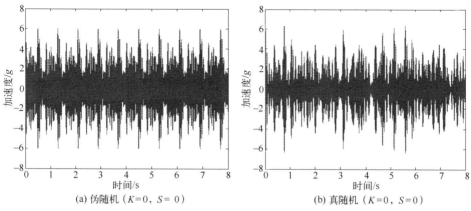

(a) 伪随机 ($K=0,\ S=0$)　　　　　　(b) 真随机 ($K=0,\ S=0$)

图 3-18　模拟的窄带高斯随机激励信号(汉宁窗, $l=2$)

　　图 3-19 是采用前述方法模拟的对称分布窄带超高斯激励信号。模拟时设定的超高斯伪随机信号目标峭度值为 8,最终生成的超高斯伪随机信号峭度值为 8.1,偏斜度为 0,如图 3-19(a)所示;然后采用汉宁窗和 $l=4$ 对其进行时域随机化,得到如图 3-19(b)所示的对称分布窄带超高斯真随机信号。

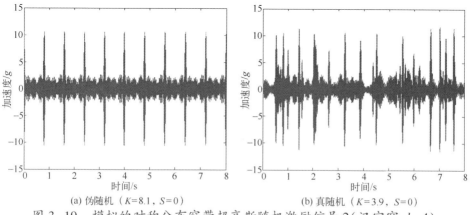

(a) 伪随机 ($K=8.1,\ S=0$)　　　　　　(b) 真随机 ($K=3.9,\ S=0$)

图 3-19　模拟的对称分布窄带超高斯随机激励信号 2(汉宁窗, $l=4$)

对生成的窄带超高斯真随机信号进行平稳性、周期性和正态性检验。

图 3-20 是图 3-19(b)所示信号的自相关函数,显然符合常见窄带随机信号的自相关函数曲线特征,其峰值随着时间延迟的增加衰减,在时间延迟很大时接近于零,可认为该信号无明显的周期成分。图 3-21 是利用轮次检验法对其进行平稳性检验的结果,数据分为 50 段,轮次数为 24,查轮次分布表可知属于平稳认可区间[16,35],因此在显著水平为 0.01(即 99% 的置信度水平)时可以认为是平稳信号。计算该信号的偏斜度值为 0.06,峭度值为 3.9,这与式(3.74)中取 $l=4$ 得到的结果是一致的。

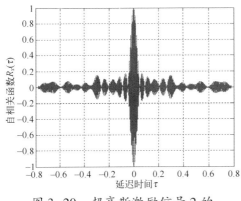

图 3-20　超高斯激励信号 2 的
自相关函数

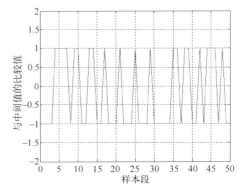

图 3-21　超高斯激励信号 2 的
轮次检验图

为了更进一步充分验证式(3.74)的正确性,保持模拟的功率谱不变,按照前期研究得到的超高斯伪随机驱动信号生成算法仿真生成峭度值 K_x 依次为 5,10,20 的超高斯伪随机信号,然后分别采用不同的重叠因子和汉宁窗进行时域随机化得到相应的超高斯真随机信号,最后分析对比时域随机化前后信号的峭度值,结果如表 3-2 所列。根据表 3-2 中的数据进行曲线拟合,可以得到跟图 3-7(b)所示非常接近的曲线,这充分验证了前面关于时域随机化中汉宁窗对信号峭度值影响的理论分析和推导结论是正确的。

表 3-2　时域随机化对峭度值的影响(汉宁窗)

K_x ＼ K_y ＼ l	2	4	8
0	0	0	0
5	4.81	2.45	1.23
10	9.82	4.90	2.44
20	19.49	9.80	4.86

3. 宽带梯形谱

假设所要模拟的两种非对称分布超高斯真随机振动激励信号的功率谱均为典型的随机振动应力筛选梯形谱,如图 3-22 所示。其中偏斜度小于零的非对称分布超高斯伪随机信号的目标峭度值为 8,目标偏斜度值是-0.60,实际生成的超高斯伪随机信号峭度值为 7.9,偏斜度为-0.58,如图 3-23(a)所示。采用半正弦窗和 $l=4$ 对其进行时域随机化,得到如图 3-23(b)所示的超高斯真随机信号 3。对超高斯真随机信号 3 进行平稳性、周期性检验后可认为是平稳随机信号(限于篇幅具体检验过程略),然后计算得到其峭度值为 3.1,偏斜度值为-0.33,这与式(3.83)中取 $l=4$ 得到的结果是一致的。

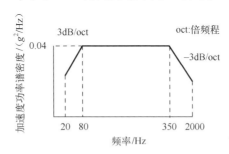

图 3-22　所要模拟的激励信号功率谱(宽带梯形谱)

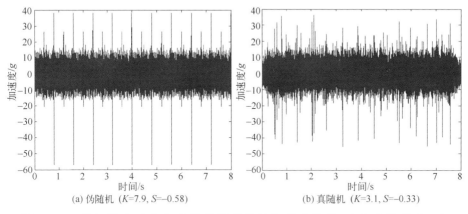

(a) 伪随机 ($K=7.9,S=-0.58$)　　　　(b) 真随机 ($K=3.1,S=-0.33$)

图 3-23　模拟的非对称分布宽带超高斯随机激励信号 3(半正弦窗,$l=4$)

为了更进一步充分验证式(3.83)的正确性,保持模拟的功率谱不变,按照前述非对称分布超高斯伪随机激励信号生成算法仿真生成偏斜度值 S_x 依次为-2,-1,0,1,2 的超高斯伪随机信号,然后分别采用不同的重叠因子和半正弦窗进行时域随机化得到相应的超高斯真随机信号,最后分析对比时域随机化前后信号的偏斜度值,结果如表 3-3 所列。根据表 3-3 中的数据进行曲线拟合,可以得到跟图 3-8(a)接近的曲线,这充分验证了前面关于时域随机化中半正弦窗对信号偏斜度值影响的理论分析和推导结论是正确的。

图 3-24(a)是偏斜度大于零的非对称分布超高斯伪随机激励信号,模拟时设定的目标峭度值为 2.5,目标偏斜度值是 0.40,最终生成的信号峭度值为 2.4,偏斜度为 0.39。采用汉宁窗和 $l=4$ 对其进行时域随机化,得到如图 3-24(b)所示的超高斯真随机信号。对其进行平稳性、周期性检验后可认为是平稳随机信号,然后计算得到其峭度值为 1.3,偏斜度值为 0.26,这与式(3.84)中取 $l=4$ 得到的结果是一致的。

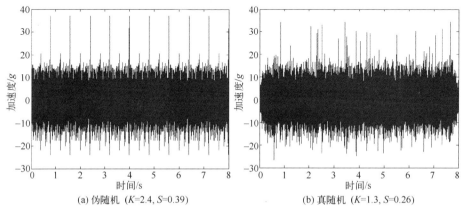

(a) 伪随机 (K=2.4, S=0.39)　　　　　(b) 真随机 (K=1.3, S=0.26)

图 3-24　模拟的非对称分布宽带超高斯随机激励信号 4(汉宁窗, $l=4$)

为了更进一步充分验证式(3.84)的正确性,保持模拟的功率谱不变,按照前述非对称分布超高斯伪随机激励信号生成算法仿真生成偏斜度值 S_x 依次为 -2,-1,0,1,2 的超高斯伪随机信号,然后分别采用不同的重叠因子和汉宁窗进行时域随机化得到相应的超高斯真随机信号,最后分析对比时域随机化前后信号的偏斜度值,结果如表 3-4 所列。根据表 3-4 中的数据进行曲线拟合,可以得到与图 3-8(b)非常接近的曲线,这充分验证了前面关于时域随机化中汉宁窗对信号偏斜度值影响的理论分析和推导结论是正确的。

表 3-3　时域随机化对偏斜度值的影响(半正弦窗)

S_x　＼　S_y　＼　l	2	4	8
-2	-1.70	-1.21	-0.85
-1	-0.83	-0.59	-0.41

（续）

S_x ╲ S_y ╲ l	2	4	8
0	0	0	0
1	0.85	0.60	0.42
2	1.71	1.20	0.84

表 3-4　时域随机化对偏斜度值的影响（汉宁窗）

S_x ╲ S_y ╲ l	2	4	8
−2	−1.93	−1.36	−0.96
−1	−0.96	0.67	−0.47
0	0	0	0
1	0.96	0.68	0.48
2	1.92	1.36	0.95

　　为了验证超高斯真随机振动控制流程的有效性，将其嵌入现有的振动台软硬件控制系统并进行了超高斯随机振动控制试验，通过闭环的峭度（偏斜度）均衡和功率谱均衡在振动台台面上成功地实现频谱可控的对称及非对称分布超高斯真随机振动环境模拟，进一步证实了本节提出的基于二次相位调制和时域随机化的超高斯随机振动激励信号生成方法的有效性。

3.2　基于幅值调制和相位重构的非高斯随机振动模拟与控制

3.1 节提出的基于二次相位调制和时域随机化的超高斯随机振动激励信号生成方法在实践中发现，该方法主要适用于峭度值显著大于 3 的超高斯随机信号的模拟，而难于模拟出峭度值显著小于 3 的亚高斯随机信号。本节在 3.1 节方法的基础上，提出一种新的基于幅值调制和相位重构的非高斯随机过程数值模拟方法[11]，不仅可以模拟具有指定非高斯统计特性和频谱特性的超高斯随机信号，还能模拟亚高斯随机信号，具有广泛的适应性。该方法的另外一个优点是充分利用了快速傅里叶正变换和逆变换技术，模拟效率和精度都得到进一步提高。

3.2.1 傅里叶系数对随机信号非高斯特性参数的影响分析

一种常用的三角级数合成法模型采用确定性幅值和随机相位的叠加来模拟高斯随机过程,例如一个零均值的平稳高斯随机过程可以由下式逼近($N \to \infty$):

$$x(t) = \sum_{k=0}^{N-1} A_k \cos(2\pi f_k t + \phi_k) \tag{3.95}$$

这里 A_k 由下式根据功率谱密度 $G(f_k)$ 得到

$$A_k = \sqrt{2G(f_k)\Delta f}, \quad k=1,2,\cdots,N \tag{3.96}$$

$$\Delta f = f_u/N \tag{3.97}$$

$$f_k = k\Delta f, \quad k=0,1,\cdots,N-1 \tag{3.98}$$

式中: f_u 为功率谱密度的频率上限; ϕ_k 为在 $[0,2\pi)$ 中均匀分布的独立随机相位角。

为提高三角级数合成法模拟随机过程的速度,Shinozuka 等将 FFT 引入合成模型,式(3.95)可写成

$$x(n\Delta t) = \text{Re}\left\{\sum_{k=0}^{M-1} A_k e^{i\phi_k} e^{i2\pi f_k n\Delta t}\right\}, \quad n=0,1,\cdots,M-1 \tag{3.99}$$

这里 $\text{Re}\{\cdot\}$ 表示取实部, M 是采样点数,时间间隔 Δt 根据采样频率 f_s 得到

$$\Delta t = \frac{1}{f_s} \tag{3.100}$$

根据采样定理, f_s 必须满足

$$f_s \geqslant 2f_u \tag{3.101}$$

显然:

$$\Delta f = \frac{f_u}{N} = \frac{f_s}{M} \tag{3.102}$$

这样 M 和 N 必须满足 $M \geqslant 2N$。将式(3.98)、式(3.100)和式(3.102)代入式(3.99)得

$$x(n\Delta t) = \text{Re}\left\{\sum_{k=0}^{M-1} A_k e^{i\phi_k} e^{i2\pi nk/M}\right\} = \text{Re}\{\text{IDFT}(C_k)\} \tag{3.103}$$

其中

$$C_k = A_k e^{i\phi_k} = A_k(\cos\phi_k + i\sin\phi_k), \quad k=0,1,\cdots,M-1 \tag{3.104}$$

注意 M 一般选为 2 的整数次幂以便应用快速傅里叶变换。

当 $N>100$ 时,由式(3.103)得到的 $x(t)$ 将接近高斯分布。

根据傅里叶幅值 A_k 的表达式(3.96)可以看出,对相位 ϕ_k 的任何调整都不会影响生成随机过程的功率谱密度。因此,在保证不改变幅值 A_k(从而保证功率谱密度的精确模拟)的前提下,可以通过改变相位 ϕ_k 来控制生成随机过程的偏斜度和峭度值,下面对此进行具体分析。

3.2.2　基于幅值调制和相位重构的非高斯随机振动信号生成算法

如何根据所要模拟的随机过程的非高斯特性(如偏斜度、峭度值)对式(3.103)中参与 IFFT 变换的相位 ϕ_k 进行重构,是成功模拟非高斯随机过程的关键。目前已有的一些相位重构方法比较复杂,不够直观,需要进行多次反复迭代,模拟精度和效率较低。由于非高斯随机过程与高斯随机过程的显著差异在于其幅值概率密度分布曲线,因此可以考虑直观地通过对高斯过程的幅值分布进行调制,使其幅值概率密度曲线逼近所需的非高斯特性,再借助傅里叶变换提取相位,得到与目标偏斜度、峭度值相匹配的重构相位。整个算法流程如图 3-25 所示,共分为 9 个步骤。

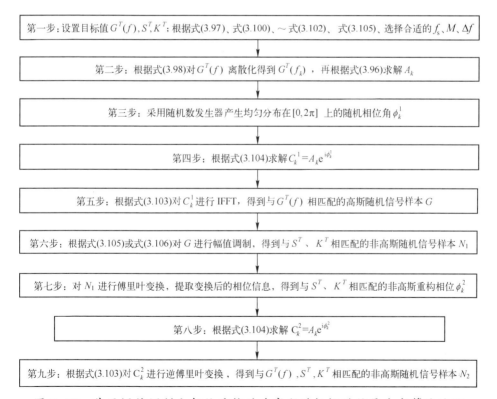

图 3-25　基于幅值调制和相位重构的非高斯随机振动信号生成算法流程

其中第六步对高斯随机过程的样本 $x[n]$ 进行幅值调制以得到重构的相位是其中的关键步骤,其具体实现思路和过程如下:

设 $x[n]$ 为采用传统模拟方法得到的高斯随机过程的一个样本,则对 $x[n]$ 采用式(3.105)、式(3.106)的幅值调制公式实现幅值分布从高斯到非高斯的调制。其中,式(3.105)是针对超高斯信号的幅值调制公式,式(3.106)是针对亚高斯信号的幅值调制公式。

$$x'[n] = \begin{cases} 2p-x[n], & p<x[n]<0 \\ 2q-x[n], & 0<x[n]<q \end{cases} \qquad (3.105)$$

$$x'[n] = \begin{cases} 2p-x[n], & x[n]<p \\ 2q-x[n], & x[n]>q \end{cases} \qquad (3.106)$$

其中 $p = -\alpha \times \sigma$, $q = \beta \times \sigma$。σ 为高斯随机信号 x 的均方根值。与绝大部分幅值(99.74%)都分布在正负 3 倍均方根值之内的高斯随机信号相比,超高斯随机信号的幅值在正负 3 倍均方根值之外有更多的分布,概率密度曲线的拖尾比高斯随机信号的更宽;而亚高斯随机信号的幅值在正负 3 倍均方根值之内则有更多的分布,概率密度曲线的拖尾比高斯的更窄。因此,一般选取 $1 \leqslant \alpha, \beta \leqslant 3$ 即可。从式(3.105)可以看出,对峭度值较大的超高斯信号来说,α、β 的取值应尽量接近 3,这样可供调节的幅值数目较多,有利于增加幅值调制后信号的峭度值;类似从式(3.106)也可以看出,对峭度值小于零的亚高斯信号来说,α、β 的取值则应尽量接近 1,这样可供调节的幅值数目较多,有利于降低幅值调制后信号的峭度值。另外,α、β 取值的相同与否决定了调整后幅值分布的对称与否,从而起到控制偏斜度值的作用。如果 $\alpha > \beta$,则幅值分布向负半轴偏移,偏斜度为负值;如果 $\alpha < \beta$,则幅值分布向正半轴偏移,偏斜度为正值;如果 $\alpha = \beta$,则生成的是对称分布的非高斯随机信号。具体调制过程中,可根据式(3.105)、式(3.106)对原离散高斯信号的幅值逐一进行调制,每次进行调制后计算调制信号的偏斜度、峭度值并与目标值进行比较,这样通过逐步迭代达到目标值。由于这种采用幅值调制来逼近非高斯参数的方法比其他采用相位调制间接逼近的方法更直接有效,因此能很快逼近非高斯特性参数的目标值,信号模拟效率和精度都有较大提高。

3.2.3 基于幅值调制和相位重构的非高斯随机振动控制算法

在上述基于幅值调制和相位重构的非高斯随机信号模拟算法的基础上,提出了如图 3-26 所示的对称分布非高斯振动控制算法。

上述控制算法和流程实现了对非高斯随机信号的功率谱密度和峭度这两个控制参数的同步解耦控制,易于在现有的随机振动控制器中嵌入实现。非对称分布非高斯振动控制的流程与之类似。

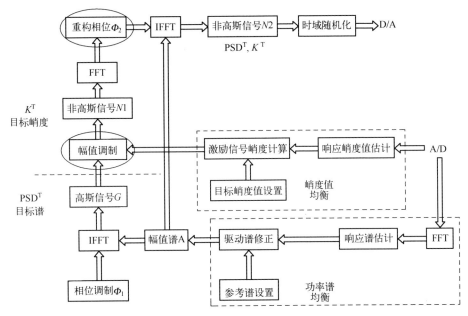

图 3-26 基于幅值调制和相位重构的非高斯随机振动控制算法

3.2.4 示例

选取如图 3-27 中所示的功率谱密度曲线作为所要模拟非高斯随机振动信号的共同目标谱 $G^T(f)$,该频谱为 20~2000Hz 上的宽带平直谱,功率谱密度量级为 $0.02g^2/Hz$,加速度总均方根值 σ 约为 $6.29g$。由于 $f_u = 2000Hz$,根据采样定理确定 $f_s = 5120Hz$,$M = 4096$,$\Delta f = 1.25Hz$。以下模拟过程均采用上述参数。

首先模拟目标谱为 $G^T(f)$、目标峭度值 K^T 为 3.8 的对称超高斯随机振动信号(即目标偏斜度值 S^T 为 0)。需要说明的是,这里所说的目标峭度值 3.8 为归零化峭度值,相当于其他文献中定义的非归零化峭度值 6.8。图 3-28 是根据图 3-25 所示模拟算法流程中第五步得到的高斯信号,其幅值概率密度分布曲线如图 3-29 中短画线所示,显然与图 3-29 中实线所示标准正态分布曲线很接近。图 3-30 是对高斯信号按照式(3.105)进行幅值调制后得到的调制信号,其幅值概率密度分布曲线如图 3-29 中点线所示,显然已经具有超高斯分布特征,但由于幅值调制的缘故,其功率谱密度已经偏离目标功率谱。图 3-31 是对调制信号进行傅里叶变换后重构的超高斯相位,作为下一步进行傅里叶逆变换所需的相位信息。图 3-32 是利用重构的超高斯相位进行傅里叶逆变换后得到的超高斯信号,其概率密度分布曲线如图 3-29 中点画线所示,其峭度值为 3.7850,接近目标值 3.8;其偏斜度值为 -0.0398,接近对称分布;同时由于式(3.96)的关系,其功率谱密度严格等于目标谱 $G^T(f)$,均方根值也等于 6.29g。

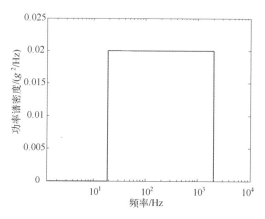

图 3-27　目标功率谱密度

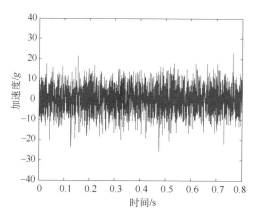

图 3-28　模拟高斯信号

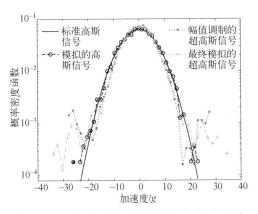

图 3-29　超高斯信号幅值概率密度曲线

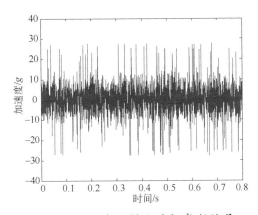

图 3-30　幅值调制后的超高斯信号

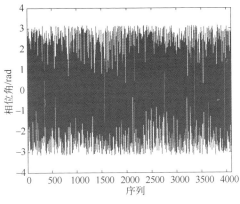

图 3-31　重构的超高斯相位

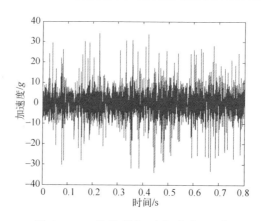

图 3-32 最终模拟的超高斯信号

为充分验证算法的有效性,再次模拟目标谱为 $G^T(f)$,目标峭度值 K^T 为-0.6,目标偏斜度值为 0.35 的非对称亚高斯随机振动信号,结果如图 3-33 ~ 图 3-36 所示。图 3-34 是对高斯信号按照式(3.106)进行幅值调制后得到的调制信号,其幅值概率密度分布曲线如图 3-33 中点线所示,显然已经具有非对称亚高斯分布特征。图 3-35 是对调制信号进行傅里叶变换后重构的亚高斯相位。图 3-36 是利用重构的亚高斯相位进行傅里叶逆变换后得到的非对称亚高斯信号,其概率密度分布曲线如图 3-33 中点画线所示,其峭度值为-0.6054,接近目标值-0.6;其偏斜度值为 0.3397,接近目标值 0.35;其功率谱密度严格等于目标谱 $G^T(f)$,均方根值也等于 6.29g。

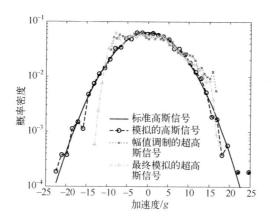

图 3-33 亚高斯信号幅值概率密度曲线

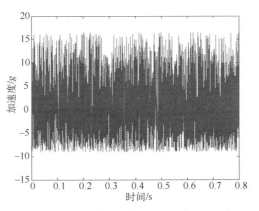

图 3-34　幅值调制后的亚高斯信号

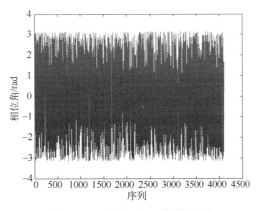

图 3-35　重构的亚高斯相位

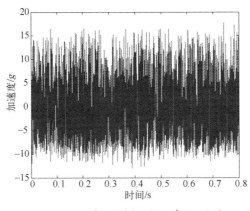

图 3-36　最终模拟的亚高斯信号

参考文献

[1] 张贤达. 现代信号处理[M]. 北京:清华大学出版社,2002.

[2] 蒋瑜. 频域可控的超高斯随机振动环境模拟技术及其应用研究[D]. 长沙:国防科技大学,2005.

[3] 温熙森,陈循,唐丙阳. 机械系统动态分析理论与应用[M]. 长沙:国防科技大学出版社,1998.

[4] 温熙森,陈循,徐永成,等. 机械系统建模与动态分析[M]. 北京:科学出版社,2004.

[5] 李勇,徐震,等. MATLAB辅助现代工程数字信号[M]. 西安:西安电子科技大学出版社,2002.

[6] 陈循. 环境应力试验及振动控制技术研究[D]. 长沙:国防科学技术大学,1999.

[7] 郑季良. 随机振动数字控制系统[D]. 长沙:国防科学技术大学,1987.

[8] 星谷胜. 随机振动分析[M]. 北京:地震出版社,1977.

[9] Ra I. Parametric random vibration[M]. New York:Wiley,1985.

[10] 胡志强,法庆衍,洪宝林,等. 随机振动试验应用技术[M]. 北京:中国计量出版社,1996.

[11] Yu Jiang. Simulation of non-Gaussian stochastic processes by amplitude modulation and phase reconstruction[J]. Wind and Structures,2014,18(6):693-715.

第 4 章

非高斯随机振动响应分析

结构在非高斯随机激励作用下的应力响应分析是进行随机疲劳损伤计算的必要步骤。本章首先以悬臂梁为对象,建立非高斯随机激励下的应力响应计算公式;然后,研究非高斯特性在连续线性结构中从激励到响应的传递特性,分析激励信号的带宽、峭度和非高斯类型对应力响应均方根值、峭度值及疲劳特性的影响;最后,总结归纳悬臂梁应力响应分析方法,建立通用的非高斯应力响应计算过程。

4.1 单点非高斯激励下悬臂梁应力响应分析

4.1.1 模态分析

要分析悬臂梁在非高斯激励下的响应,首先需要进行模态分析。对于恒截面悬臂梁第 n 阶模态振型为[1]

$$W_n(x) = \sin\beta_n x - \sinh\beta_n x - \alpha_n(\cos\beta_n x - \cosh\beta_n x) \tag{4.1}$$

式中:x 为悬臂梁的响应位置;$\alpha_n = \dfrac{\sin\beta_n l + \sinh\beta_n l}{\cosh\beta_n l + \cos\beta_n l}$,$l$ 为悬臂梁长度,$\beta_n l = D_n$ 为常数。与 $W_n(x)$ 相对应的 n 阶模态频率为

$$\omega_n = (\beta_n l)^2 \sqrt{\frac{EI}{\rho A l^4}} \tag{4.2}$$

式中:E 为材料的弹性模量;I 为悬臂梁横截面对中性轴的惯性矩;ρ 为材料密度;A 为悬臂梁横截面面积。悬臂梁模态振型 $W_n(x)$ 满足:

$$EI\frac{\mathrm{d}^4 W_n(x)}{\mathrm{d}x^4} - \omega_n^2 \rho A W_n(x) = 0 \tag{4.3}$$

4.1.2 位移响应

悬臂梁结构受单点非高斯激励的示意图如图4-1所示。非高斯随机激励 $f_{NG}(a,t)$ 引起的第 n 阶模态广义力为

$$Q_n(a,t) = \int_0^l f_{NG}(a,t) W_n(x) \mathrm{d}x$$
$$= f_{NG}(a,t) [\sin\beta_n a - \sinh\beta_n a - \alpha_n(\cos\beta_n a - \cosh\beta_n a)] \quad (4.4)$$

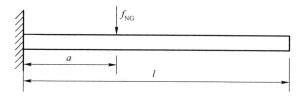

图4-1 悬臂梁单点非高斯激励示意图(a 为激励位置)

利用振型叠加原理,在任意时刻 t,悬臂梁 x 位置的横向位移可以表示为

$$w(x,t) = \sum_{n=1}^\infty W_n(x) q_n(t) \quad (4.5)$$

$q_n(t)$ 为对应于第 n 阶模态振型 $W_n(x)$ 的广义坐标。悬臂梁在非高斯随机激励下的强迫振动微分方程为

$$EI \frac{\partial^4 w(x,t)}{\partial x^4} + \rho A \frac{\partial^2 w(x,t)}{\partial t^2} = f_{NG}(a,t) \quad (4.6)$$

将式(4.5)代入式(4.6),有

$$EI \sum_{n=1}^\infty \frac{\mathrm{d}^4 W_n(x)}{\mathrm{d}x^4} q_n(t) + \rho A \sum_{n=1}^\infty W_n(x) \frac{\mathrm{d}^2 q_n(t)}{\mathrm{d}t^2} = f_{NG}(a,t) \quad (4.7)$$

根据式(4.3),式(4.7)可以表示为

$$\sum_{n=1}^\infty \omega_n^2 W_n(x) q_n(t) + \sum_{n=1}^\infty W_n(x) \frac{\mathrm{d}^2 q_n(t)}{\mathrm{d}t^2} = \frac{f_{NG}(a,t)}{\rho A} \quad (4.8)$$

用 $W_m(x)$($m=1,2,\cdots,\infty$)乘式(4.8),并沿悬臂梁长度方向积分,根据模态振型的归一化正交条件有

$$\frac{\mathrm{d}^2 q_n(t)}{\mathrm{d}t^2} + \omega_n^2 q_n(t) = \frac{1}{\rho A b_n} Q_n(a,t) \quad (4.9)$$

其中 $b_n = \| W_n(x) \|_2^2 = \int_0^l W_n^2(x) \mathrm{d}x$ 为归一化参数。式(4.9)可以等价为无阻尼单自由度系统的强迫振动方程。通过卷积运算,广义位移 $q_n(t)$ 可以表示为

$$q_n(t) = \frac{1}{\rho A b_n \omega_n} \int_0^t Q_n(a,\tau) \sin(\omega_n(t-\tau)) \mathrm{d}\tau \qquad (4.10)$$

式(4.10)忽略了由初始条件引起的瞬态响应。将各阶模态阻尼比 ζ_n 引入到式(4.10)得到

$$q_n(t) = \frac{\displaystyle\int_0^t Q_n(a,\tau) \mathrm{e}^{-\zeta_n \omega_n(t-\tau)} \sin\omega_n^{(d)}(t-\tau) \mathrm{d}\tau}{\rho A b_n \omega_n^{(d)}} \qquad (4.11)$$

其中 $\omega_n^{(d)} = \omega_n(1-\zeta_n^2)^{1/2}$ 称为第 n 阶共振频率。将式(4.11)代入式(4.5),则悬臂梁动态位移响应为

$$w(x,t) = \sum_{n=1}^{\infty} W_n(x) \frac{1}{\rho A b_n \omega_n^{(d)}} \times \int_0^t Q_n(a,\tau) \mathrm{e}^{-\zeta_n \omega_n(t-\tau)} \sin\omega_n^{(d)}(t-\tau) \mathrm{d}\tau$$

$$(4.12)$$

可以看出,随着模态频率 ω_n(或 $\omega_n^{(d)}$)的增大,第 n 阶模态在位移响应中所占的比例越来越小,一般考虑前三、四阶模态就能保证较高的精度,这里取前四阶模态进行理论和仿真研究。式(4.1)中的参数 β_n 满足[1,2]:

$$\beta_1 l = 1.8751, \quad \beta_2 l = 4.6941,$$
$$\beta_3 l = 7.8548, \quad \beta_4 l = 10.9955 \qquad (4.13)$$

其中 l 为悬臂梁长度。将式(4.13)代入式(4.4),前四阶广义力可以表示为

$$\begin{cases} Q_1(a,t) = f_{\mathrm{NG}}(a,t)\Theta_1(\varepsilon) \\ Q_2(a,t) = f_{\mathrm{NG}}(a,t)\Theta_2(\varepsilon) \\ Q_3(a,t) = f_{\mathrm{NG}}(a,t)\Theta_3(\varepsilon) \\ Q_4(a,t) = f_{\mathrm{NG}}(a,t)\Theta_4(\varepsilon) \end{cases} \qquad (4.14)$$

$$\begin{cases} \Theta_1(\varepsilon) = \sin(\eta_1\varepsilon) - \sinh(\eta_1\varepsilon) - 1.3622[\cos(\eta_1\varepsilon) - \cosh(\eta_1\varepsilon)] \\ \Theta_2(\varepsilon) = \sin(\eta_2\varepsilon) - \sinh(\eta_2\varepsilon) - 0.9819[\cos(\eta_2\varepsilon) - \cosh(\eta_2\varepsilon)] \\ \Theta_3(\varepsilon) = \sin(\eta_3\varepsilon) - \sinh(\eta_3\varepsilon) - 1.0008[\cos(\eta_3\varepsilon) - \cosh(\eta_3\varepsilon)] \\ \Theta_4(\varepsilon) = \sin(\eta_4\varepsilon) - \sinh(\eta_4\varepsilon) - [\cos(\eta_4\varepsilon) - \cosh(\eta_4\varepsilon)] \end{cases} \qquad (4.15)$$

其中 $\eta_1 = 1.8751, \eta_2 = 4.6941, \eta_3 = 7.8548, \eta_4 = 10.9955, \varepsilon = a/l, 0 \leq \varepsilon \leq 1$。只考虑前四阶模态的情况下,将式(4.14)代入式(4.12)得

$$w(x,t) = \sum_{n=1}^{4} W_n(x) \frac{\Theta_n(\varepsilon)}{\rho A b_n \omega_n^{(d)}} \times \int_0^t f_{\mathrm{NG}}(a,t) \mathrm{e}^{-\zeta_n \omega_n(t-\tau)} \sin\omega_n^{(d)}(t-\tau) \mathrm{d}\tau$$

$$(4.16)$$

通过式(4.16),可以得到悬臂梁任意位置的位移响应时间序列,但无法直接确

定激励峭度与响应峭度之间的定量关系。根据式(4.16),对于给定结构,影响位移响应峭度的因素有:

(1)激励信号$f_{NG}(a,t)$的非高斯类型(平稳或非平稳);

(2)激励信号$f_{NG}(a,t)$的峭度值;

(3)激励信号$f_{NG}(a,t)$的频谱带宽。

下面进一步分析激励信号与应力响应之间的关系。

4.1.3 应力响应

悬臂梁x处的动态弯曲应力与该位置的曲率半径有关。最大弯曲应力发生在悬臂梁的上下表面。对于疲劳分析,x处的最大弯曲正应力为

$$\sigma(x,t)=\frac{Eh}{2v(x,t)} \tag{4.17}$$

其中:h为悬臂梁的厚度;$v(x,t)$为t时刻悬臂梁x位置的曲率半径,可以表示为

$$v(x,t)=\frac{\left[1+\left(\dfrac{\mathrm{d}w(x,t)}{\mathrm{d}x}\right)^2\right]^{3/2}}{\dfrac{\mathrm{d}^2w(x,t)}{\mathrm{d}x^2}} \tag{4.18}$$

将式(4.18)代入式(4.17),动态应力响应可以表示为

$$\sigma(x,t)=\frac{Eh\dfrac{\mathrm{d}^2w(x,t)}{\mathrm{d}x^2}}{2\left[1+\left(\dfrac{\mathrm{d}w(x,t)}{\mathrm{d}x}\right)^2\right]^{3/2}} \tag{4.19}$$

将式(4.16)代入式(4.19),动态应力响应进一步展开为

$$\sigma(x,t)=\frac{Eh\sum_{n=1}^{4}\dfrac{\mathrm{d}^2W_n(x)}{\mathrm{d}x^2}\dfrac{\Theta_n(\varepsilon)}{\rho Ab_n\omega_d}\int_0^t f_{NG}(a,t)\mathrm{e}^{-\zeta_n\omega_n(t-\tau)}\sin\omega_d(t-\tau)\mathrm{d}\tau}{2\left[1+\left(\sum_{n=1}^{4}\dfrac{\mathrm{d}W_n(x)}{\mathrm{d}x}\dfrac{\Theta_n(\varepsilon)}{\rho Ab_n\omega_d}\int_0^t f_{NG}(a,t)\mathrm{e}^{-\zeta_n\omega_n(t-\tau)}\sin\omega_d(t-\tau)\mathrm{d}\tau\right)^2\right]^{3/2}}$$

$$\tag{4.20}$$

基于式(4.20),可以分析影响结构应力响应峭度值的因素为:

(1)激励信号$f_{NG}(a,t)$的非高斯类型(平稳或非平稳);

(2)激励信号$f_{NG}(a,t)$的峭度值;

(3)激励信号$f_{NG}(a,t)$的频谱带宽。

下面给出的示例将分析以上3种因素对结构应力响应的RMS水平、峭度值

和疲劳破坏性的影响。

4.2　非高斯基础激励下悬臂梁应力响应分析

4.2.1　位移响应

图 4-2 所示为悬臂梁结构非高斯基础激励示意图,其中 $a_{\mathrm{NG}}(t)$ 为加速度信号。为了进行应力响应分析,需要计算悬臂梁结构不同位置的相对运动。根据基础激励理论[1],图 4-2 所示的动态系统等价于图 4-3 所示的分布载荷动态系统。分布载荷水平由悬臂梁的分布质量 $\mathrm{d}m(x)$ 和非高斯基础激励 $a_{\mathrm{NG}}(t)$ 决定,$\mathrm{d}m(x)$ 定义为

$$\mathrm{d}m(x) = \rho A \mathrm{d}x \tag{4.21}$$

式中:ρ 为材料密度;A 为截面面积。

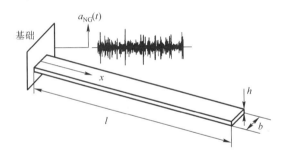

图 4-2　悬臂梁非高斯随机基础激励示意图

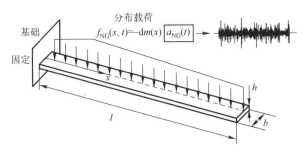

图 4-3　等价分布载荷动态系统

根据图 4-3 和式(4.1),n 阶模态广义力为

$$Q_n(t) = \int_0^l f_{\mathrm{NG}}(x,t) W_n(x) \mathrm{d}x \tag{4.22}$$

如图 4-3 所示,分布载荷 $f_{\mathrm{NG}}(x,t)$ 作用在恒截面梁的中心线上,所以扭转模

态的广义力为零。基于模态叠加原理,悬臂梁在 x 位置的横向位移为

$$w(x,t) = \sum_{n=1}^{\infty} W_n(x) q_n(t) \tag{4.23}$$

其中 $q_n(t)$ 为关于 $W_n(x)$ 的广义位移。然后,悬臂梁微分运动方程为

$$EI \frac{\partial^4 w(x,t)}{\partial x^4} + \rho A \frac{\partial^2 w(x,t)}{\partial t^2} = f_{NG}(x,t) \tag{4.24}$$

将式(4.23)代入式(4.24)得

$$EI \sum_{n=1}^{\infty} \frac{d^4 W_n(x)}{dx^4} q_n(t) + \rho A \sum_{n=1}^{\infty} W_n(x) \frac{d^2 q_n(t)}{dt^2} = f_{NG}(x,t) \tag{4.25}$$

根据式(4.3),式(4.25)可以表示为

$$\sum_{n=1}^{\infty} \omega_n^2 W_n(x) q_n(t) + \sum_{n=1}^{\infty} W_n(x) \frac{d^2 q_n(t)}{dt^2} = \frac{f_{NG}(x,t)}{\rho A} \tag{4.26}$$

基于正交理论,将式(4.26)乘 $W_m(x)$, $m=1,2,\cdots,\infty$,并沿 $[0,l]$ 积分得到

$$\frac{d^2 q_n(t)}{dt^2} + \omega_n^2 q_n(t) = \frac{1}{\rho A b_n} Q_n(t) \tag{4.27}$$

其中 $b_n = \| W_n(x) \|_2^2 = \int_0^l W_n^2(x) dx$ 为归一化参数。式(4.27)与式(4.9)的形式相同,但广义力 $Q_n(t)$ 的含义不同。式(4.27)可以看作无阻尼单自由度系统的受迫振动微分方程。$q_n(t)$ 由卷积运算得到

$$q_n(t) = \frac{1}{\rho A b_n \omega_n} \int_0^t Q_n(\tau) \sin(\omega_n(t-\tau)) d\tau \tag{4.28}$$

式(4.28)中忽略了由初始条件引起的瞬态响应。将 n 阶模态阻尼比 ζ_n 引入到式(4.28)得

$$q_n(t) = \frac{1}{\rho A b_n \omega_n^{(d)}} \int_0^t Q_n(\tau) e^{-\zeta_n \omega_n (t-\tau)} \sin \omega_n^{(d)}(t-\tau) d\tau \tag{4.29}$$

其中 $\omega_n^{(d)} = \omega_n (1-\zeta_n^2)^{1/2}$ 为第 n 阶共振频率。

将式(4.29)代入式(4.23),动态位移响应为

$$w(x,t) = \sum_{n=1}^{\infty} \left[W_n(x) \frac{1}{\rho A b_n \omega_n^{(d)}} \int_0^t Q_n(\tau) e^{-\zeta_n \omega_n (t-\tau)} \sin \omega_n^{(d)}(t-\tau) d\tau \right]$$

$$\tag{4.30}$$

考虑前四阶模态频率,式(4.30)表示为

$$w(x,t) = \sum_{n=1}^{4} \left[W_n(x) \frac{1}{\rho A b_n \omega_n^{(d)}} \int_0^t Q_n(\tau) e^{-\zeta_n \omega_n (t-\tau)} \sin \omega_n^{(d)}(t-\tau) d\tau \right]$$

$$\tag{4.31}$$

4.2.2　应力响应

根据 4.1.3 节中应力响应的推导过程,得到悬臂梁在基础激励下的应力响应计算公式为

$$
\sigma(x,t) = \frac{Eh \sum_{n=1}^{4} \left[\dfrac{\mathrm{d}^2 W_n(x)}{\mathrm{d}x^2} \dfrac{1}{\rho A b_n \omega_n^{(d)}} \int_0^t Q_n(\tau) \mathrm{e}^{-\zeta_n \omega_n(t-\tau)} \sin\omega_n^{(d)}(t-\tau)\mathrm{d}\tau \right]}{2 \left[1 + \left(\sum_{n=1}^{4} \dfrac{\mathrm{d}W_n(x)}{\mathrm{d}x} \dfrac{1}{\rho A b_n \omega_n^{(d)}} \int_0^t Q_n(\tau) \mathrm{e}^{-\zeta_n \omega_n(t-\tau)} \sin\omega_n^{(d)}(t-\tau)\mathrm{d}\tau \right)^2 \right]^{3/2}}
$$

$$(4.32)$$

可以看出,对于给定结构在非高斯基础激励作用下影响应力响应峭度值的因素主要包括:

(1) 等价分布激励信号 $f_{NG}(x,t)$ 的非高斯类型(平稳或非平稳),由基础激励 $a_{NG}(t)$ 的非高斯类型决定;

(2) 等价分布激励信号 $f_{NG}(x,t)$ 的峭度值,由基础激励 $a_{NG}(t)$ 的峭度值决定;

(3) 等价分布激励信号 $f_{NG}(x,t)$ 的频谱带宽,由基础激励 $a_{NG}(t)$ 的频谱带宽决定。

通过 4.1 节和 4.2 节的理论分析可以发现不同激励方式(单点激励或基础激励)作用下,结构应力响应计算过程基本相同。下面基于悬臂梁结构应力响应计算方法,确定一般结构非高斯激励下应力响应计算过程。

4.3　非高斯激励下应力响应通用计算过程

前两节以悬臂梁为对象分析了结构在单点激励和基础激励下的应力响应计算过程。可以看到两种计算过程具有较高的相似性。工程实际中需要进行疲劳分析的结构复杂多样(大到飞机翼梁,小到元器件焊点、管脚等),不能逐一列举应力响应计算方法。但根据悬臂梁结构的计算方法,可以总结出以疲劳分析为目的的非高斯激励下结构应力响应计算通用过程,如图 4-4 所示。

(1) 首先通过有限元计算、理论分析或预试验确定产品或结构的疲劳断裂位置。

(2) 判断疲劳位置的应力是否可测,如果直接可测,通过测量的应力、应变数据开展疲劳寿命计算;如果不可测,需要通过计算方法获得应力序列。

(3) 对产品或结构疲劳位置进行模态分析。

(4) 确定产品或结构所经受的外部激励的类型,如单点激励、多点激励、分

103

布激励和基础激励。

（5）确定外部激励信号的类型：高斯、平稳非高斯和非平稳非高斯。

（6）联合模态分析结果和外部激励，计算各阶模态广义力。

（7）根据广义力和结构模态阻尼，计算结构的位移响应。

（8）根据疲劳局部结构的位移响应和弯曲应力公式计算动态应力响应，并判断计算的最大应力位置与预判位置是否一致；最后对应力序列进行处理，计算疲劳损伤。

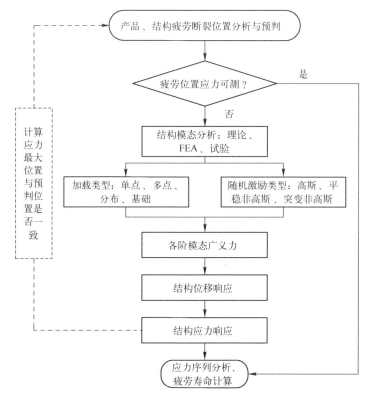

图 4-4　结构振动应力响应计算流程

4.4　示　例

示例分析以 Al2024-T3 铝合金悬臂梁为对象，结构几何尺寸如图 4-5 所示，材料的力学参数如表 4-1 所列。

表 4-1 A12024-T3 铝合金力学性能参数

弹性模量/GPa	泊松比	疲劳极限/MPa	强度极限/MPa	密度/(kg/m³)
68	0.33	105	438	2770

图 4-5 分析对象的几何尺寸(单位:mm)

悬臂梁前四阶模态振型如图 4-6 所示。基于式(4.2)和有限元软件计算得到的固有频率结果如表 4-2 所列,两者差别很小。为了保持理论计算的完整性,这里采用理论计算结果。

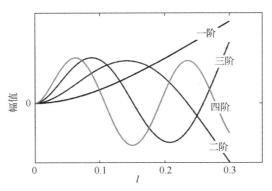

图 4-6 悬臂梁前四阶模态振型

由式(4.9)可知,各阶模态广义运动微分方程可以等价为单自由度系统振动方程,则各阶模态的广义脉冲响应函数(Impulse Response Function,IRF)如图 4-7(a)所示。对各阶脉冲响应函数进行累加,求傅里叶变换得到广义频响函数(Frequency Response Function,FRF),如图 4-7(b)所示。

表 4-2 悬臂梁前四阶模态频率

方　　法	模态频率/Hz			
	一阶	二阶	三阶	四阶
理论	17.78	111.46	312.10	611.58
仿真	17.87	112.01	313.63	614.78

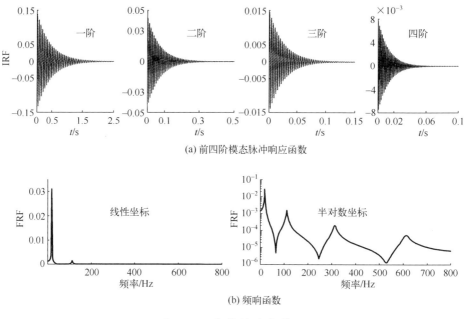

(a) 前四阶模态脉冲响应函数

(b) 频响函数

图 4-7 悬臂梁动态特性

这里给出两个数值分析示例,从不同的角度关注非高斯信号的传递特性。每个示例的输入信号是具有相同 PSD 的高斯、平稳非高斯和非平稳非高斯随机激励信号。两个示例激励信号的 PSD 分别如图 4-8(a)和图 4-8(b)所示,其中示例 1 激励信号的 PSD 频带包含结构的前四阶模态频率;示例 2 激励信号的 PSD 频带位于二阶和三阶模态频率之间,这代表工程中两种典型情况。示例 1 激励信号 RMS = 3N;示例 2 激励信号 RMS = 10N。两种非高斯随机激励的峭度值 $K_{in} = \{4,6,8,10\}$。因此,每个示例需要分析 9 种不同的激励信号。两个示例中的随机激励都施加在悬臂梁的自由端,即 $a = l$ 的位置。

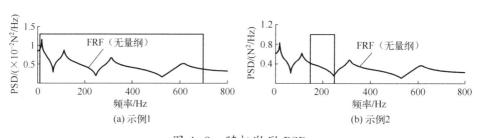

图 4-8 随机激励 PSD

4.4.1　示例 1

激励信号的 PSD 如图 4-8(a)所示,带宽包含结构前四阶模态频率。基于 Al2024-T3 的材料特性,假设前四阶模态阻尼比为 0.02。将仿真激励信号代入式(4.20),计算得到应力响应结果。不同激励信号下应力响应的 RMS 和峭度分别如图 4-9(a)、(b)所示。

由图 4.9(a)可以发现,高斯和(平稳与非平稳)非高斯激励下结构应力响应 RMS 沿悬臂梁轴向基本一致。另外,对于两种非高斯激励,应力响应 RMS 几乎不随输入峭度 K_{in} 的增加而发生变化。这说明对于单点激励问题,四阶统计量不影响二阶统计量的传递特性。

如图 4-9(b)所示,各种激励信号对应的应力响应峭度 K_{out} 沿悬臂梁轴向无规则变化。平稳非高斯激励各输入峭度水平下的应力响应峭度 K_{out} 一般小于 3。

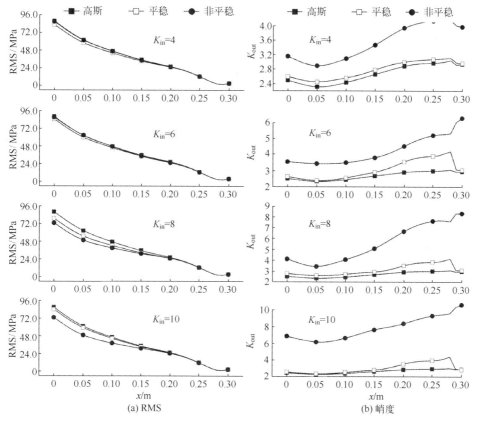

图 4-9　示例 1 应力响应 RMS 和峭度沿悬臂梁的变化趋势

高斯激励的输出峭度 K_{out} 小于平稳非高斯情况。这是因为示例1中的输入信号的功率谱包含前四阶模态频率(图4-8(a)),其中一阶模态频率占主导。一阶模态对应的频响函数峰值相当于一个窄带滤波器,激励信号通过该模态峰值后应力响应过程趋于正弦信号(峭度=1.5)。所以平稳非高斯和高斯情况,从激励到响应峭度衰减十分明显。

非平稳非高斯激励应力响应峭度 K_{out} 小于输入峭度值 K_{in}。峭度衰减的原因在于线性响应的卷积运算平滑了非平稳非高斯的局部不平稳性。但是总体而言非平稳非高斯激励的应力响应的峭度值大于3,且输出峭度 K_{out} 随着激励峭度 K_{in} 的增大而增大。唯象的结论是:当随机激励的PSD包含模态频率时,非平稳非高斯激励可以将其高峭度值传递到应力响应过程;而平稳非高斯激励不能。

4.4.2 示例2

本示例中激励信号PSD如图4-8(b)所示,带宽位于二阶和三阶模态频率之间。通过式(4.20)计算应力响应,各激励信号的应力响应序列RMS值和峭度值沿悬臂梁的变化趋势分别如图4-10(a)、(b)所示。

如图4-10(a)所示,对于高斯和(平稳与非平稳)非高斯情况,当激励信号峭度 K_{in} 一定时,应力响应RMS沿 x 方向的变化基本一致。示例2中应力响应RMS值沿 x 方向的变化趋势比示例1复杂,主要原因在于激励信号的带宽发生了改变。另外,悬臂梁应力响应的RMS值不随输入峭度的增加而发生明显变化,这与示例1的结果一致,进一步证明对于单点激励响应问题,四阶统计量不影响二阶统计量的传递特性。

对于3种激励信号,应力响应峭度值沿悬臂梁轴向不规则地变化,如图4-10(b)所示。高斯激励下的响应峭度 K_{out} 接近3。与示例1不同,平稳非高斯激励可以将高峭度传递到应力响应过程。非平稳非高斯激励下的应力响应峭度与平稳非高斯情况接近,均比高斯情况大。可以看到,两种非高斯激励的应力响应峭度随着输入峭度的增大而增大。从唯象的角度,结论是当激励信号带宽位于结构模态频率之间时,平稳和非平稳非高斯激励均可将高峭度特征传递给应力响应过程。

4.4.3 疲劳寿命对比分析

进一步基于雨流计数法对示例1和示例2中的应力响应序列进行计数,并结合给定的S-N曲线计算疲劳寿命。

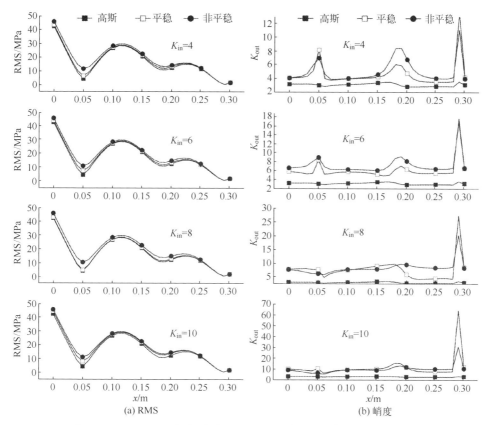

(a) RMS　　　　　　　　　　　(b) 峭度

图 4-10　示例 2 应力响应 RMS 和峭度沿悬臂梁的变化趋势

1. 雨流计数结果

如图 4-9 和图 4-10 所示,示例 1 和示例 2 中最大应力响应 RMS 值均发生在悬臂梁固定端,即 $x = 0$ 的位置。该位置的应力响应序列将决定结构的疲劳寿命。利用雨流计数法[3]对应力序列进行了分析,研究激励信号的非高斯类型(平稳或非平稳)和输入峭度对结构疲劳寿命的影响。

示例 1 高斯、平稳非高斯和非平稳非高斯激励下应力响应序列的雨流计数结果及其峰谷位置分布情况如图 4-11 所示。相对高斯情况而言,非平稳非高斯激励的雨流计数结果具有更多的大幅值循环,而且随着激励峭度的增加这种趋势越来越明显。这些大幅值雨流循环虽然数量少,但在总疲劳损伤中占了很大的比例。平稳非高斯激励的应力响应雨流循环分布情况与高斯情况相近。因此,当激励 PSD 包含结构模态频率时,非平稳非高斯激励比高斯和平稳非高斯随机激励具有更强的破坏力。

示例 2 各种激励情况下应力响应的雨流计数结果如图 4-12 所示。以高斯激励下应力响应的雨流计数结果为参考,平稳非高斯和非平稳非高斯激励对应的雨流计数结果具有更多的大幅值雨流循环。在激励信号峭度相同时,平稳非高斯和非平稳非高斯激励下的应力响应雨流计数结果具有较高的一致性。这表明当激励PSD带宽位于结构模态频率之间时,相同峭度的平稳非高斯和非平稳非高斯激励具有相近的破坏力。

2. 疲劳寿命计算结果

在疲劳寿命计算时,采用Rambabu等给出的Al2024-T3材料的高周疲劳$S-N$曲线[4],

$$NS^{6.59} = 4.3742 \times 10^{21} \tag{4.33}$$

另外,根据Shimizu[5]的研究结论,假设材料不存在疲劳极限的。根据图4-11和图4-12所示的雨流分布结果进行疲劳寿命计算。

对于示例1,根据图4-11所示的雨流计数结果计算不同激励信号下结构疲劳寿命结果,如表4-3所列。其中,高斯随机激励下的疲劳寿命在最后一列。不同输入峭度的平稳非高斯随机激励下的疲劳寿命在第2列,括号内的数值表示疲劳寿命与高斯情况的比值。第4列是非平稳非高斯随机激励下的疲劳寿命。可以看到对于非平稳非高斯随机激励,疲劳寿命随着输入峭度的增大而减小。当输入峭度$K_{in} = 10$时,非平稳非高斯激励下的疲劳寿命约为高斯结果的20%。这种情况下,如果忽略激励的非高斯特性,仅利用基于PSD的高斯频域法来计算疲劳寿命[6,7],将会得到偏大的估计结果,为装备使用和服役阶段埋下安全隐患。

表4-3 示例1各种随机激励下结构疲劳寿命

K_{in}	疲劳寿命/s				
	平稳非高斯		非平稳非高斯		高斯
4	6.2153×10^5	(1.2387)	2.5857×10^5	(0.5153)	
6	5.1029×10^5	(1.0170)	1.9585×10^5	(0.3903)	5.0174×10^5
8	4.9106×10^5	(0.9787)	1.5694×10^5	(0.3128)	
10	4.7372×10^5	(0.9442)	1.0968×10^5	(0.2186)	

对于示例2,各随机激励下结构疲劳寿命计算结果如表4-4所列。其中,高斯随机激励下的疲劳寿命在最后一列。不同峭度值的平稳非高斯随机激励下的疲劳寿命在第2列,括号内的数值表示相应的疲劳寿命结果与高斯结果的比值。第4列是非平稳非高斯随机激励的疲劳寿命计算结果。可以看到,两种非高斯激励下的疲劳寿命要比高斯情况小很多。当输入峭度$K_{in} = 10$时,平稳非高斯和非平稳非高斯随机激励下结构疲劳寿命均低于高斯结果的10%。在这

种情况下,如果忽略激励信号的非高斯性,将会引起非常大的计算误差。另外,对于示例 2 定义的情况,相同峭度的平稳非高斯和非平稳非高斯激励对应的疲劳寿命接近。这与图 4-10 所反映的两种激励信号的应力响应 RMS 值、峭度值和图 4-12 中反映的雨流计数结果的是一致的。

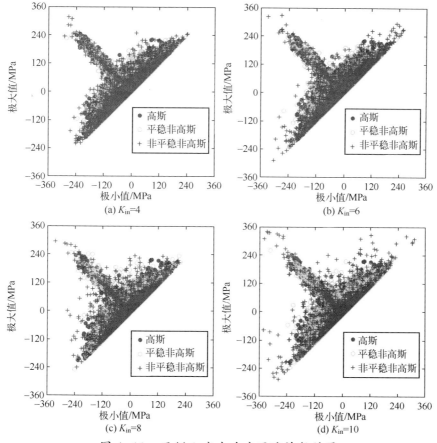

图 4-11　示例 1 应力响应雨流计数结果

表 4-4　示例 2 各种随机激励下结构疲劳寿命

K_{in}	疲劳寿命/s		
	平稳非高斯	非平稳非高斯	高斯
4	$6.6610×10^6$　(0.6449)	$5.4718×10^6$　(0.5298)	
6	$2.5779×10^6$　(0.2496)	$1.9679×10^6$　(0.1905)	
8	$1.3451×10^6$　(0.1302)	$1.5115×10^6$　(0.1463)	$10.3291×10^6$
10	$0.5918×10^6$　(0.0573)	$0.7699×10^6$　(0.0745)	

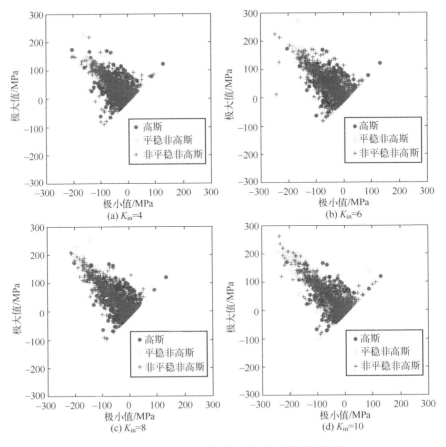

图 4-12　示例 2 应力响应雨流计数结果

参考文献

[1] Singiresu R. Mechanical Vibration [M]. 4th Edition. Now York：Pearson Education, Inc., 2004.

[2] Steinberg D S. Vibration Analysis for Electronic Equipment[M]. New York：John Wiley & Sons Inc., 2000.

[3] Brodtkorb P A, Johannesson P, Lindgren G, et al. WAFO-A Matlab toolbox for analysis of random waves and loads[C]//Proceedings of 10th international offshore and polar engineering conference, 2000.

[4] Rambabu D V, Ranganath V R, Ramamurty U, et al. Variable Stress Ratio in Cumulative Fatigue Damage：Experiments and Comparison of Three Models[J]. Proc I Mech E Part C：Journal of Mechanical Engineering Science, 2010, 224：271-282.

[5]　Shimizu S,Tosha K,Tsuchiya K. New Data Analysis of Probabilistic Stress-Life（P-S-N）Curve and Its Application for Structural Materials［J］. International Journal of Fatigue,2010,32:565-575.

[6]　Dirlik T. Application of Computers in Fatigue Analysis［D］. Coventry:The University of Warwick,1985.

[7]　Benasciutti D. Fatigue Analysis of Random Loadings［D］. Ferrara:University of Ferrara,2004.

第5章

非高斯随机振动疲劳寿命分析

本章主要研究获得非高斯随机应力响应以后，如何得到准确、可靠的疲劳寿命计算结果。首先研究了采样频率对疲劳损伤计算精度的影响，并提出了基于香农公式的应力信号重构方法；然后以雨流计数法为基础，分别提出了窄带和宽带非高斯随机应力作用下结构疲劳寿命计算方法；最后通过具体示例分析，对非高斯疲劳寿命计算方法的适用性和准确性进行验证。

5.1 采样频率与疲劳累积损伤计算精度的关系

有关采样频率与疲劳累积损伤计算精度的研究较少。根据雨流计数法的计数规则[1]，疲劳累积损伤与采样频率存在直接关系。第4章研究了如何由非高斯激励计算应力响应，采样频率具有传递性，即激励信号的采样频率决定了应力响应的采样频率。针对具体载荷信号，Bishop[2]研究了采样频率与疲劳损伤计算误差之间的关系，并建议采样频率应达到信号最高频率的25倍以上。下面结合3个仿真示例具体研究采样频率与疲劳损伤计算误差之间的关系，并最终给出确定采样频率的方法和原则。

5.1.1 雨流计数与应力峰值

目前的研究结论表明雨流计数法是最准确的载荷循环计数方法之一。这主要是由于雨流循环与材料的应力-应变回线是一致的[3]，如图5-1所示。Anthes[3]和Rychlik[4]分别提出了改进的雨流计数法，这些改进的方法是为了便于处理和计算，其本质和原始方法是相同的。

对随机载荷样本序列进行雨流计数以后，利用 Miner 准则[5]来计算疲劳累积损伤，即

$$D = \sum_{i=1}^{K} \frac{n_i}{N_i} \tag{5.1}$$

114

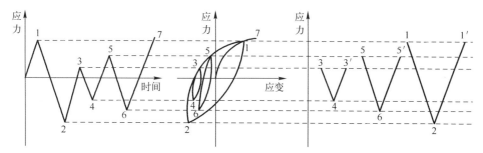

图 5-1　应力时间序列、应力-应变回线和雨流循环之间的关系

式中:N_i 为应力水平 S_i 下引起结构疲劳失效的雨流循环次数;n_i 为应力水平 S_i 下实际计数结果。

对于常用的金属材料,S-N 曲线表示为

$$NS^b = A \tag{5.2}$$

式中:b 和 A 为材料疲劳常数。结合式(5.1)和式(5.2),疲劳累积损伤可以表示为

$$D = \sum_{i=1}^{K} \frac{n_i S_i^b}{A} \tag{5.3}$$

式中:K 为划分的应力水平数。参数 b 通常大于 2,疲劳损伤是应力水平 S_i 的 b 次幂的函数。

从图 5-1 和式(5.3)可以看到应力序列的极值完全决定了疲劳累积损伤的大小。然而,采样信号的极值不能保证与实际应力过程的极值保持一致,如图 5-2 所示,采样信号的极值往往小于实际应力极值。但是,随着采样频率的提高,采样信号包含实际载荷极值的概率越来越大。因此,随机载荷雨流疲劳损伤计算

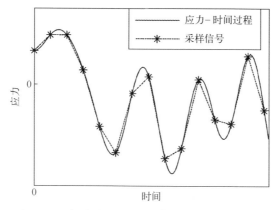

图 5.2　连续应力-时间序列及其采样信号

精度对采样频率十分敏感,如果采样频率过低,疲劳累积损伤的估计值 $\hat{D}$ 将小于真值。为了保证计算精度,必须对随机载荷或激励的采样频率提出要求。

5.1.2 仿真分析

采样频率对疲劳损伤计算精度的影响不需要具体区分高斯和非高斯情况,这里以高斯随机载荷为例展开分析。随机载荷的 PSD 分别为平直谱、单峰谱和双峰谱。示例中的连续信号由采样频率为 100 kHz 的离散信号表示,该采样频率远高于信号的最高频率,可以充分包含实际过程的极值。从低到高改变采样频率,观察疲劳累积损伤随采样频率的变化趋势。疲劳累积损伤计算采用的 S-N 曲线为 $NS^{4.38} = 1.23 \times 10^{15}$。采样频率与疲劳累积损伤计算精度的关系与疲劳参数 b、随机载荷分布特性等多种不确定因素密切相关。所以,难以用确切的理论方法来解决该问题。本节主要通过仿真示例结果来归纳解决问题的方法流程。

5.1.2.1 平直谱随机载荷

平直谱随机载荷如图 5-3 所示,上限频率 $f_u = 500\text{Hz}$。采样频率从 333Hz ~ 10kHz 变化,并计算相应的疲劳累积损伤。另外,在观察疲劳损伤随采样频率变化趋势的同时,观察雨流循环次数的变化趋势。

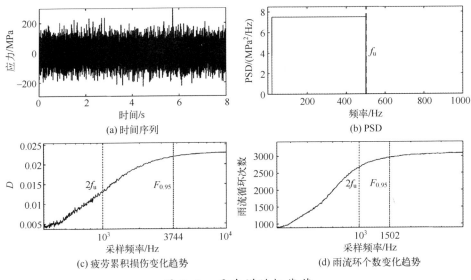

(a) 时间序列   (b) PSD

(c) 疲劳累积损伤变化趋势   (d) 雨流环个数变化趋势

图 5-3 平直谱随机载荷

疲劳损伤 D 和雨流循环数达到真值95%时的采样频率分别如图 5-3(c)、(d) 所示。可以看到如果按香农采样定理的最低要求(采样频率大于 $2f_u$)对载荷序列进行采样,则计算疲劳损伤为真值的 54%。图 4-3 中,$F_{0.95}(D)$ 表示疲劳损伤 D 达到真值 95% 时的采样频率;$F_{0.95}(N)$ 表示雨流循环数达到真值的 95% 时的采样频率。$F_{0.95}(D)$ 与 $F_{0.95}(N)$ 均大于 $2f_u$,具体结果如表 5-1 所列。

5.1.2.2　单峰谱随机载荷

单峰谱随机载荷时间序列如图 5-4(a)所示。单峰谱信号没有明确的上限频率,定义 PSD 的峰值频率以上,幅值为峰值的 5% 处的频率为上限频率 $f_u =$ 219Hz,如图 5-4(b)所示。采样频率从 333Hz~10kHz 变化,计算相应的疲劳损伤和雨流循环次数。结果如图 5-4(c)、(d)所示,按 $2f_u$ 进行采样时,疲劳累积损伤为真值的 53%,在 5.1.2.1 节中定义的 $F_{0.95}(D) = 7.70f_u$,$F_{0.95}(N) = 2.27f_u$,这是因为单峰谱随机载荷接近于窄带随机过程,较低的采样频率对雨流循环次数的影响不大。本示例的具体结果如表 5-1 所列。

表 5-1　3 种随机载荷信号的计算结果　　　　　（单位:Hz）

平直谱			单峰谱			双峰谱		
$2f_u$	$F_{0.95}(D)$	$F_{0.95}(N)$	$2f_u$	$F_{0.95}(D)$	$F_{0.95}(N)$	$2f_u$	$F_{0.95}(D)$	$F_{0.95}(N)$
1000	3744 ($7.49f_u$)	1502 ($3.00f_u$)	438	1687 ($7.70f_u$)	498 ($2.27f_u$)	414	1696 ($8.19f_u$)	1380 ($6.67f_u$)

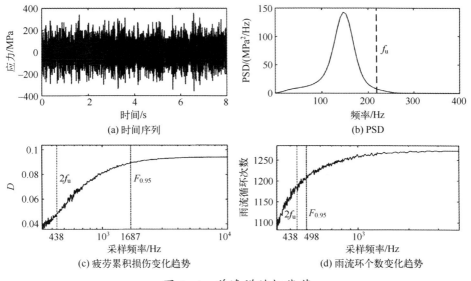

(a) 时间序列　　　　　　　　　　(b) PSD

(c) 疲劳累积损伤变化趋势　　　　　(d) 雨流环个数变化趋势

图 5-4　单峰谱随机载荷

5.1.2.3　双峰谱随机载荷

双峰谱随机载荷时间序列如图 5-5(a)所示。定义 PSD 第二个峰值频率以上,幅值为第二个峰值大小5%的频率为上限频率$f_u = 207Hz$,如图5-5(b)所示。采样频率从333Hz~10kHz变化,计算相应的疲劳损伤和雨流循环次数,如图5-5(c)、(d)所示,按$2f_u$进行采样时,计算疲劳损伤为真值的56%,$F_{0.95}(D)$和$F_{0.95}(N)$的结果如表5-1所列。

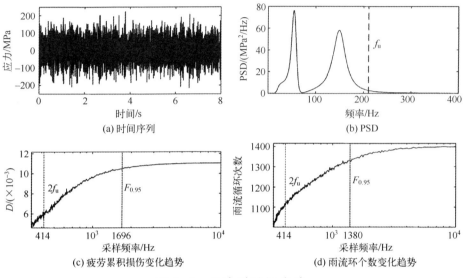

(a) 时间序列   (b) PSD

(c) 疲劳累积损伤变化趋势   (d) 雨流环个数变化趋势

图5-5 双峰谱随机载荷

5.1.2.4 统计分析

前面的示例代表了3种不同的典型情况,所有统计结果在表5-1中给出。从表5-1的第1列、第5列和第8列可以看到,每种情况下$F_{0.95}(D)$均约为载荷最高频率f_u的8倍左右;而雨流循环次数的采样频率$F_{0.95}(N)$并没有统一的规律,但它对于疲劳损伤计算精度没有直接影响。基于以上分析,可以确定:对于给定的载荷序列和S-N曲线,可以通过预先的仿真分析来确定合适的采样频率,以满足疲劳损伤计算精度要求。

5.1.3 基于香农公式的应力信号重构

根据5.1.2节的分析,确定随机载荷采样频率时,需要考虑应力信号的谱型、概率分布、材料疲劳特性等。综合这些因素确定合理的采样频率,才能得到准确的疲劳损伤估计结果。但在工程实际中,通常基于经验和采样定理来确定采样频率,一般为信号最高频率f_u的3~5倍。根据前面的分析,如果直接使用采集信号进行疲劳计算将会导致很大的计算偏差。这种情况下可以采用香农公式进行信号重构[6],即

$$S(t) = \sum_{k \in Z} S_s\left(\frac{k}{f_s}\right) \frac{\sin(f_s \pi t - k\pi)}{f_s \pi t - k\pi} \tag{5.4}$$

式中:$S(t)$ 为重构时间序列;$k = 1, 2, 3, \cdots, N$;S_s 为采样信号;f_s 为采样频率。根据式(5.4)可以得到具有足够高采样频率的重构载荷信号来计算疲劳损伤。

为了验证式(5.4)的重构效果,下面给出一个示例。如图 5-6(a)所示,实际应力-时间序列为虚线,采样序列为实线。应力过程的上限频率 $f_u = 210\mathrm{Hz}$,采样信号的采样频率是 625Hz,约为上限频率 f_u 的 3 倍。由采样信号和实际信号计算疲劳累积损伤分别为 $D_{\mathrm{Sample}} = 0.0360$ 和 $D_{\mathrm{Real}} = 0.0474$(基于 5.1.2 节给出的 S-N 曲线)。$D_{\mathrm{Sample}}$ 与 D_{Real} 的相对误差为 24.05%。需要说明的是,在实际问题中是不能得到真实连续应力序列的。下面根据式(5.4),利用采样结果重构应力信号,即

$$S(t) = \sum_{k=1}^{31} S_s\left(\frac{k}{625}\right) \frac{\sin(625\pi t - k\pi)}{625\pi t - k\pi} \tag{5.5}$$

重构应力信号如图 5-6(b)所示,重构信号的采样频率为 $9f_u = 1890\mathrm{Hz}$。重构信号和真实应力信号的对比如图 5-6(c)所示,可以看到重构信号十分接近真实应力过程。基于重构信号的疲劳损伤为 $D_{\mathrm{Recon}} = 0.0454$,相对误差为 4.22%,比直接采样信号的计算结果改善了 19.83%。

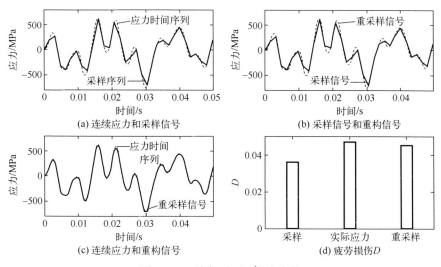

图 5-6　随机应力序列重构

综合以上分析,确定如图 5-7 所示的随机载荷采样频率确定过程:

(1)首先分析随机载荷信号的统计特性、功率谱和材料疲劳特性,然后通过数值仿真确定满足计算精度要求的采样频率;

（2）判断信号采集设备或存储设备是否能够达到要求的采样频率；

（3）如果能够达到要求，则直接进行采样；

（4）如果不能达到规定的采样频率，则利用香农公式进行信号重构，得到采样频率足够高的重构应力序列；

（5）最后结合疲劳分析方法，利用满足采样频率要求的采集应力信号或重构应力信号进行疲劳寿命计算。

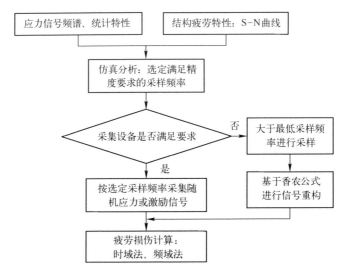

图 5-7　随机应力采样频率的确定及信号重构

5.2　窄带非高斯随机载荷疲劳损伤计算

通常按频谱特征将随机载荷分为窄带和宽带两类。本节研究窄带非高斯随机载荷疲劳损伤计算方法。相对窄带随机载荷本身而言，其峰（或谷）值包络是时间的慢变过程。对称窄带过程每个峰后面跟随着一个幅值相当的谷，二者沿均值近似对称。通常，非零均值窄带随机载荷可以通过修正模型转换为零均值过程，如 Gerber 模型、Goodman 模型和 Soderberg 模型[7]。

计算随机载荷疲劳损伤的方法有时域法和频域法。对于时域法，雨流计数过程对任何类型的随机载荷均适用。但时域法往往难以得到稳定的统计结果；另外，有一些随机载荷是以 PSD 的形式给出的，所以很多情况下必须借助频域法来解决问题。频域法一般比时域法更简洁，能够得到更准确的估计结果。由频域数据计算雨流幅值分布是频域法的核心问题。窄带高斯过程的雨流幅值分布与峰值分布近似，基于该特性得到结论：窄带高斯雨流幅值服从瑞利分布[8]。

对于窄带非高斯随机载荷,Winterstein[9]和 Kihl 等[10]人给出了雨流分布函数的闭合表达式。但 Kihl 等发现基于不同非线性变换模型的窄带频域法得到的疲劳损伤估计结果并不一致。当 S-N 曲线的参数 $b(NS^b=A)$ 较大时,这个问题会变得更加突出。这是因为对于对称非高斯窄带过程,峭度不能够完全描述其非高斯性。峭度与随机载荷的四阶矩相对应,间接地和随机载荷极值的四阶矩相关联。而疲劳损伤是由窄带随机载荷极值的 b 阶矩决定的,因此与窄带随机载荷本身的 b 阶矩间接相关。当参数 b 小于或近似等于 4 时,基于峭度的非线性变换方法能够给出较理想的估计结果;然而实际问题中,很多材料或结构的 S-N 曲线参数 b 大于 4。

下面以上述分析为出发点,建立一种窄带非高斯随机载荷疲劳寿命计算方法。所提出的方法既避免了非线性变换又不需要开展雨流计数。

5.2.1　基础理论

对称非高斯随机载荷最常用的非高斯统计参数为峭度 γ_4(高斯过程 $\gamma_4=3$)。非高斯随机载荷 $Z(t)$ 的峭度为

$$\gamma_4 = E\left[\left(\frac{Z-\mu_Z}{\sigma_Z}\right)^4\right] = \frac{m_4}{\sigma_Z^4} \tag{5.6}$$

式中:μ_Z 和 σ_Z 分别为均值和标准差;m_4 为四阶中心矩。在实际问题计算过程中,通常将均值 μ_Z 去掉,得到零均值计算结果,然后通过平移和修正再将均值考虑进来。峭度不能完全表征随机载荷的非高斯特性。不难想象两个具有不同概率分布的非高斯过程具有相同的均值、方差和峭度。通常假设考虑峭度(或四阶矩)就能够保证非高斯随机载荷疲劳损伤计算精度,但该假设很多情况下是不成立的[10]。

二阶以上的矩(Moment)和累积量(Cumulant)均称为高阶统计量。从本质上讲,矩和累积量携带着相同的统计信息,它们之间可以通过 M-C 公式进行换算[11,12]。零均值平稳随机过程的矩和累积量之间的关系可以统一表示为

$$c_i = f_{M-C}(m_1, m_2, \cdots, m_i) \tag{5.7}$$

式中:c_i 为第 i 阶累积量;对于高斯过程,当 $i>2$ 时,$c_i=0$;m_i 为第 i 阶矩;$f_{M-C}(\cdot)$ 为 M-C 函数关系。其中前四阶累积量和矩的具体函数关系为

$$\begin{cases} c_1 = m_1 \\ c_2 = m_2 - m_1^2 \\ c_3 = m_3 - 3m_1m_2 + 2m_1^3 \\ c_4 = m_4 - 3m_2^2 - 4m_1m_3 + 12m_1^2m_2 - 6m_1^4 \end{cases} \tag{5.8}$$

根据式(5.6)~式(5.8),如果仅考虑非高斯随机载荷的峭度,则相当于假设:当 $i>4$ 时,$c_i=0$。这样所有四阶以上的统计量都可以通过前四阶矩 m_1、m_2、m_3 和 m_4 进行表示,即

$$m_i=g(m_1,m_2,m_3,m_4), \quad i>4 \tag{5.9}$$

非高斯特性完全由 $\{m_3,m_4\}$ 确定。事实上,非高斯随机载荷多种多样,很多情况下四阶以上的统计量仍然带有重要的、独立的统计信息。

如前所述,对于给定的 S-N 曲线 $NS^b=A$,疲劳损伤与随机载荷的 b 阶矩有直接关系。当 $b\leqslant4$ 时,基于峭度的非高斯疲劳损伤计算方法能够给出准确的估计结果;当 $b>4$ 时,随着参数 b 的增大估计误差也将会增大。

5.2.2 非线性变换模型

存在许多关于非高斯疲劳寿命估计的非线性变换模型[9,10,13,14],其中最常用是 Kihl 模型[10] 和 Winterstein-Hermite(W-H)模型[9]。

5.2.2.1 Kihl 模型
Kihl 模型的表达式为

$$Z=G_{\mathrm{Kihl}}(X)=\frac{X+\beta(\mathrm{sgn}(X))(|X|^n)}{C},$$

$$C=\sqrt{1+\frac{2^{(n+1)/2}n\Gamma(n/2)\sigma_X^{(n-1)}}{\sqrt{\pi}}\beta+\frac{2^n\Gamma(n+1/2)\sigma_X^{2(n-1)}}{\sqrt{\pi}}\beta^2} \tag{5.10}$$

式中:$\mathrm{sgn}(\cdot)$ 为符号函数,当 $x>0$ 时,$\mathrm{sgn}(x)=1$;当 $x=0$ 时,$\mathrm{sgn}(x)=0$;当 $x<0$ 时,$\mathrm{sgn}(x)=-1$。β 和 n 为用来控制非高斯特征的参数,$X(t)$ 是母本高斯过程,C 为归一化参数,用来保证变换后 $Z(t)$ 与 $X(t)$ 具有相同的方差。$\Gamma(\cdot)$ 为伽马函数,$G_{\mathrm{Kihl}}(\cdot)$ 为单调不减函数。变换过程 $Z(t)$ 与高斯过程 $X(t)$ 具有相同的峰值率。$Z(t)$ 的峭度为

$$\gamma_4(Z)=\frac{E[Z^4]}{\sigma_Z^4}=\frac{E[(X+\beta\mathrm{sgn}(X)|X|^n)^4]}{C^4\sigma_X^4} \tag{5.11}$$

Kihl 模型参数 n 决定了非高斯特性的强度,参数 β 决定了非线性部分的比例。不同的参数组合 $\{\beta,n\}$ 可以得到具有相同峭度的不同非高斯过程(见文献[10]图2)。

5.2.2.2 W-H 模型
W-H 模型的表达式为

$$\frac{Z - \mu_Z}{\sigma_Z} = Z_0 = G_{WH}(X) = k\left[X + \sum_{i=3}^{I} \widetilde{h}_i He_{i-1}(X)\right]$$

$$= k\left[X + \widetilde{h}_3(X^2 - 1) + \widetilde{h}_4(X^3 - 3X) + \cdots\right] \tag{5.12}$$

式中：μ_Z 和 σ_Z 分别为非高斯过程 $Z(t)$ 的均值和方差；$\widetilde{h}_i$ 控制分布曲线的形状；参数 k 为尺度因子，保证标准化非高斯过程 $Z_0(t)$ 的方差为 1。实际应用时，W—H 模型经常截尾到 $I=4$，其中

$$\widetilde{h}_4 = \frac{\sqrt{1+1.5(\gamma_4 - 3)} - 1}{18}, \quad \widetilde{h}_3 = \frac{\gamma_3}{6(1 + 6\widetilde{h}_4)} \tag{5.13}$$

γ_3 和 γ_4 为标准化非高斯随机过程 $Z_0(t)$ 的偏度和峭度，尺度因子 k 为

$$k = \frac{1}{\sqrt{1 + 2\widetilde{h}_3^2 + 6\widetilde{h}_4^2}} \tag{5.14}$$

Benasciutti 在文献[15]中给出了 W—H 模型的适用范围。

对于高峭度非高斯随机过程（$\gamma_4 > 3$），W—H 非线性变换模型的逆变换 $G_{WH}^{-1}(\cdot)$ 定义了由非高斯过程 $Z_0(t)$ 到高斯过程 $X_0(t)$ 的变换函数：

$$X_0 = G_{WH}^{-1}(Z) = \left[\sqrt{\xi^2(Z)+c} + \xi(Z)\right]^{1/3} - \left[\sqrt{\xi^2(Z)+c} - \xi(Z)\right]^{1/3} - a \tag{5.15}$$

其中 $\xi(Z) = 1.5d\left(a + \dfrac{Z-\mu_Z}{k\sigma_Z}\right) - a^3$，$a = \widetilde{h}_3/3\widetilde{h}_4$，$d = 1/3\widetilde{h}_4$，$c = (d - 1 - a^2)^3$。

5.2.3　基于非线性变换模型的疲劳损伤计算

窄带高斯随机载荷的雨流幅值服从瑞利分布：

$$f_{Gau}(S_X) = \frac{S_X}{\sigma_X^2} \exp\left(-\frac{S_X^2}{2\sigma_X^2}\right) \tag{5.16}$$

式中：S_X 为雨流幅值；σ_X 为高斯随机载荷的标准差。利用非线性变换模型 $G(\cdot)$（$G_{Kihl}(\cdot)$ 或 $G_{WH}(\cdot)$），窄带非高斯随机载荷的雨流幅值分布可以表示为

$$f_{NG}(S_Z) = \frac{G^{-1}(S_Z)}{\sigma_X^2} \exp\left(-\frac{[G^{-1}(S_Z)]^2}{2\sigma_X^2}\right)(G^{-1}(S_Z))' \tag{5.17}$$

式中：S_Z 是非高斯雨流幅值。

当 S—N 曲线（$NS^b = A$）给定时，单个雨流循环的疲劳损伤期望为

$$E[\Delta D_{NG}] = \int_0^\infty \frac{S_Z^b}{A} f_{NG}(S_Z) dS_Z \tag{5.18}$$

当随机载荷持续时间为 T 时，疲劳累积损伤的期望为

$$E[D_{NG}] = \frac{v_p T}{A} \int_0^\infty S_Z^b f_{NG}(S_Z) dS_Z = \frac{v_p T}{A} M_S^b(Z) \tag{5.19}$$

式中：$M_S^b(Z)$ 为雨流幅值分布的 b 阶原点矩；v_p 为基于 PSD 数据得到的单位时间内峰值(或雨流循环)的平均次数，简称峰值率[16]。

这里定义两个关于高斯窄带随机载荷的统计量 $M_S^b(X)$ 和 $m_{|X|}^b$：

$$\begin{cases} M_S^b(X) = \displaystyle\int_0^\infty S_X^b f_{\text{Gau}}(S_X) \, \mathrm{d}S_X \\ m_{|X|}^b = \displaystyle\int_{-\infty}^\infty |x|^b f(x) \, \mathrm{d}x \end{cases} \tag{5.20}$$

式中：$f(\cdot)$ 为高斯随机载荷 $X(t)$ 的 PDF 函数。$M_S^b(X)$ 与 $m_{|X|}^b$ 的比值为 S-N 曲线参数 b 的单值函数。下面通过具体证明来确定这种定量关系。

证明 1：$M_S^b(X)$ 与 $m_{|X|}^b$ 的定量关系

设零均值窄带高斯过程 $X(t)$ 的 PDF 为

$$f(x) = \frac{1}{\sqrt{2\pi}\,\sigma_X} \exp\left(-\frac{x^2}{2\sigma_X^2}\right) \tag{5.21}$$

式中：σ_X 为标准差。高斯过程 $X(t)$ 的雨流循环服从瑞利分布，如式(5.16)。则 $X(t)$ 的 b 阶绝对值矩(式(5.20))可以表示为

$$m_{|X|}^b = 2\int_0^\infty \frac{x^b}{\sqrt{2\pi}\,\sigma_X} \exp\left(-\frac{x^2}{2\sigma_X^2}\right) \mathrm{d}x = \frac{1}{\sqrt{\pi}} 2^{b/2} \sigma_X^b \Gamma\left(\frac{b+1}{2}\right) \tag{5.22}$$

式中：$\Gamma(\cdot)$ 为伽马函数。随机载荷 $X(t)$ 的雨流循环幅值分布的 b 阶矩 $M_S^b(X)$ 为

$$M_S^b(X) = \int_0^\infty S_X^b \frac{S_X}{\sigma_X^2} \exp\left(-\frac{S_X^2}{2\sigma_X^2}\right) \mathrm{d}S_X = 2^{b/2} \sigma_X^b \Gamma\left(\frac{b+2}{2}\right) \tag{5.23}$$

然后 $m_{|X|}^b$ 与 $M_S^b(X)$ 的比值 $\delta_{b(G)}$ 为

$$\delta_{b(G)} = \frac{m_{|X|}^b}{M_S^b(X)} = \frac{1}{\sqrt{\pi}} \frac{\Gamma\left(\dfrac{b+1}{2}\right)}{\Gamma\left(\dfrac{b+2}{2}\right)} \tag{5.24}$$

证毕。

进一步，基于 GMM 模型理论[17,18]，式(5.24)确定的定量关系对于对称窄带非高斯随机载荷也成立，即非高斯载荷 $Z(t)$ 的 b 阶绝对值矩与雨流幅值分布的 b 阶矩的比值为参数 b 的单值函数，且与式(5.24)所示的高斯载荷结果相同，下面给出具体证明过程。

证明 2：$M_S^b(Z)$ 与 $m_{|Z|}^b$ 的定量关系

窄带非高斯随机载荷 $Z(t)$ 的 PDF 可以表示为

$$g(z) = \sum_{j=1}^{J} \varepsilon_j f_j(z) \tag{5.25}$$

式中：$\sum_{j=1}^{J} \varepsilon_j = 1$，$J$ 为 GMM 模型的维数；$f_j(z) = \dfrac{1}{\sqrt{2\pi}\,\sigma_j} \exp\left(-\dfrac{z^2}{2\sigma_j^2}\right)$ 为第 j 个高斯

分量的 PDF。进一步，$Z(t)$ 的雨流幅值分布可以表示为

$$f_{NG}(S_Z) = \sum_{j=1}^{J} \varepsilon_j f_{\mathrm{Gau}j}(S_Z) \tag{5.26}$$

其中 $f_{\mathrm{Gau}j}(S_Z) = \dfrac{S_Z}{\sigma_j^2} \exp\left(-\dfrac{S_Z^2}{2\sigma_j^2}\right)$，然后对于非高斯随机载荷 $Z(t)$，有

$$\begin{cases} m_{|Z|}^{b} = \displaystyle\int_{-\infty}^{\infty} |z|^b g(z)\,\mathrm{d}z = \dfrac{1}{\sqrt{\pi}} 2^{b/2} \Gamma\left(\dfrac{b+1}{2}\right) \sum_{j=1}^{J} \varepsilon_j \sigma_j^b \\[4mm] M_S^b(Z) = \displaystyle\int_{0}^{\infty} S_Z^b f_{NG}(S_Z)\,\mathrm{d}S_Z = 2^{b/2} \Gamma\left(\dfrac{b+2}{2}\right) \sum_{j=1}^{J} \varepsilon_j \sigma_j^b \end{cases} \tag{5.27}$$

统计量 $m_{|Z|}^{b}$ 与 $M_S^b(Z)$ 的比值为

$$\delta_{b(NG)} = \frac{m_{|Z|}^{b}}{M_S^b(Z)} = \frac{1}{\sqrt{\pi}} \frac{\Gamma\left(\dfrac{b+1}{2}\right)}{\Gamma\left(\dfrac{b+2}{2}\right)} \tag{5.28}$$

对比式（5.24）和式（5.28），$\delta_{b(NG)} = \delta_{b(G)}$ 为疲劳参数 b 的单值函数。

证毕。

基于以上分析和证明过程，可以得到非高斯随机载荷 b 阶绝对值矩 $m_{|Z|}^{b}$ 与疲劳损伤期望 $E[D_{NG}]$ 的关系为

$$E[D_{NG}] = \frac{v_p T}{A} M_S^b(Z) = \frac{v_p T}{A} \frac{m_{|Z|}^{b}}{\delta_b} \tag{5.29}$$

可以发现直接决定疲劳损伤期望的统计量为 $m_{|Z|}^{b}$，而不是与峭度相对应的 $m_{|Z|}^{4}$。式（5.29）说明了基于峭度的疲劳寿命计算方法仅在 $b \leqslant 4$ 的情况下能得到准确估计结果的原因。所以当 $b > 4$ 时，需要利用 b 阶统计量 $m_{|Z|}^{b}$ 来计算疲劳损伤。但 5.2.2.1 节的 Kihl 模型和 5.2.2.2 节的 W—H 模型均不能处理随机载荷的 b 阶统计量。

5.2.4　窄带非高斯疲劳损伤计算的 b 阶矩法

5.2.4.1　窄带随机载荷的雨流循环特征

尽管是随机过程，但窄带随机载荷的时域波形相对简单，如图 5—8（a）所示。对于窄带载荷，可以假设雨流幅值分布与峰值分布是相同的[8]。这一假设

的本质是将连续计数得到的载荷循环(图 5-8(b)中相邻虚线中间的部分)近似为雨流循环。每个连续计数载荷循环的形状相似,接近于幅值为随机载荷峰值的余弦曲线。以图 5-8(b)给出的时间序列为例,左侧的连续载荷循环小于相应的余弦曲线;而右侧则大于相应的余弦曲线。用这些余弦曲线来表示随机载荷的雨流循环,则左侧载荷循环和右侧载荷循环引起的微小计算误差可以相互抵消。

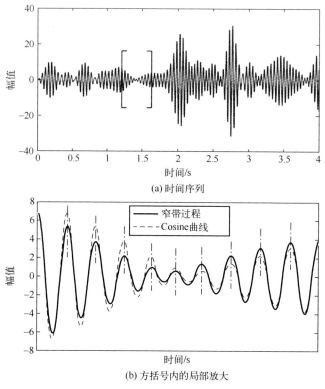

(a) 时间序列

(b) 方括号内的局部放大

图 5-8 典型窄带非高斯随机过程

基于以上分析,对称窄带随机载荷可以等价为变幅值余弦曲线序列,如图 5-8(b)所示。不失一般性,假设随机载荷在 $t=0$ 时刻处于极大值,然后将窄带随机载荷表示为

$$Z(t) \cong \sum_{i=0}^{\infty} P(T_i) Q_i(t \mid \Delta T_i, T_i) \qquad (5.30)$$

$$Q_i(t \mid \Delta T_i, T_i) = \begin{cases} \cos\left(\dfrac{2\pi}{\Delta T_i}(t-T_i)\right), & T_i \leqslant t < T_{i+1} \\ 0, & 其他 \end{cases} \qquad (5.31)$$

式中：$P(T_i)$ 为 T_i 时刻峰值的大小；T_i 为随机变量 $(i \geqslant 1)$，$T_0 = 0$，$\Delta T_i = T_{i+1} - T_i$ 表示相邻峰值之间的时间间隔。

对于零均值非高斯随机载荷 $Z(t)$，b 阶中心矩可以表示为，$m_Z^b = E[Z^b] = \int_{-\infty}^{\infty} z^b f_Z(z) \mathrm{d}x$，其中 $f_Z(\cdot)$ 是随机载荷 $Z(t)$ 的 PDF。基于式（5.30）和式（5.31），随机载荷 $Z(t)$ 的 b 阶矩为

$$m_Z^b = \int_0^{\infty} p^b E[Q_i(t \mid \Delta T_i, T_i)]^b f_P(p) \mathrm{d}p = M_S^b(Z) E[Q_i(t \mid \Delta T_i, T_i)]^b \quad (5.32)$$

式中：$f_P(p)$ 为式（5.30）中峰值 $P(T_i)$ 的 PDF。通过式（5.32），随机载荷 $Z(t)$ 的 b 阶矩 m_Z^b 与雨流幅值分布的 b 阶矩 $M_S^b(Z)$ 的关系可以表示为

$$M_S^b(Z) = \frac{m_Z^b}{E[Q_i(t \mid \Delta T_i, T_i)]^b} = \frac{m_Z^b}{C_b} \quad (5.33)$$

式中：C_b 为疲劳参数 b 的单值函数，后面将给出证明过程。式（5.33）只适用于参数 b 为偶数的情况。然而，实际问题中 b 既可能是奇数也可能是非整数。对于这种问题，需要引入式（5.20）定义的绝对值矩。随机载荷 $Z(t)$ 的 b 阶绝对值矩为

$$m_{|Z|}^b = M_S^b(Z) E[|Q_i(t \mid \Delta T_i, T_i)|^b] \quad (5.34)$$

则有

$$M_S^b(Z) = \frac{m_{|Z|}^b}{\widetilde{C}_b} \quad (5.35)$$

其中 $\widetilde{C}_b = E[|Q_i(t \mid \Delta T_i, T_i)|^b]$ 为疲劳参数 b 的单变量函数。$\widetilde{C}_b$ 与式（5.24）和式（5.28）中的函数 $\delta_{b(\mathrm{G})}$ 和 $\delta_{b(\mathrm{NG})}$ 相同（见证明 3）。基于绝对值矩，式（5.35）中疲劳参数 b 可以在实数区间 $[0, \infty)$ 内任意取值。

证明 3：参数 $\widetilde{C}_b$ 的数学表达式

首先，需要说明的是参数 $\widetilde{C}_b$ 的定义包含了 C_b，所以这里只对 $\widetilde{C}_b$ 展开分析。式（5.35）给出的 $\widetilde{C}_b$ 定义与式（5.36）给出的定义等价：

$$\widetilde{C}_b = E[|\cos(\tau)|^b], \quad 0 \leqslant \tau \leqslant 2\pi \quad (5.36)$$

设 $y = \cos(\tau)$，则 y 在区间 $[-1, 1]$ 的分布函数可以表示为

$$f(y) = \frac{1}{\pi} \frac{1}{\sqrt{1 - y^2}}, \quad -1 \leqslant y \leqslant 1 \quad (5.37)$$

然后

$$\widetilde{C}_b = 2 \int_0^1 y^b f(y) = \frac{1}{\pi} \mathrm{Beta}\left(\frac{1}{2}, \frac{b+1}{2}\right) = \frac{1}{\sqrt{\pi}} \frac{\Gamma\left(\dfrac{b+1}{2}\right)}{\Gamma\left(\dfrac{b+2}{2}\right)} \quad (5.38)$$

式中：Beta（·）为贝塔函数。式（5.38）给出的 $\widetilde{C}_b$ 的函数表达式与式（5.24）中定义的 $\delta_{b(G)}$ 和式（5.28）定义的 $\delta_{b(NG)}$ 相同。

证毕。

5.2.4.2 疲劳损伤计算

联立式（5.19）和式（5.35），窄带非高斯随机载荷 $Z(t)$ 的疲劳损伤期望为

$$E[D_{NG}] = \frac{v_p T}{A} M_S^b(Z) = \frac{v_p T m_{|Z|}^b}{A\widetilde{C}_b} \tag{5.39}$$

通常认为材料参数 $2 \leqslant b \leqslant 6$，然而根据 Kihl 等的研究[10]，对于一些疲劳特性较差的材料，参数 b 较大。因此在下文的示例分析中参数 b 的取值范围为 $2 \leqslant b \leqslant 10$，以验证式（5.39）定义的方法的有效性和适用性。式（5.39）表示了非高斯随机载荷 $Z(t)$ 的 b 阶绝对值矩与疲劳损伤期望的直接关系，称为 b-阶矩法。这种方法避免了非线性变换和雨流计数过程。

5.3 宽带非高斯随机载荷疲劳损伤计算

5.3.1 高斯混合模型

这里将高斯混合模型 GMM 模型引入到频域，以建立基于频域数据的非高斯雨流幅值分布计算方法。首先对 GMM 模型理论进行简要介绍。GMM 模型的一般形式为

$$f_{NG}(x) = \sum_{i=1}^{N} \alpha_i f_i(x) \tag{5.40}$$

式中：$f_{NG}(x)$ 为非高斯过程 PDF；$f_i(x)$ 为第 i 个高斯项；α_i 为概率权重系数，$0 \leqslant \alpha_i \leqslant 1$，$\sum \alpha_i = 1$；$N$ 为 GMM 模型的维数，二维 GMM 模型表示为

$$f_{NG}(x) = \alpha f_1(x) + (1-\alpha) f_2(x) \tag{5.41}$$

对于一个零均值平稳非高斯过程 $X(t)$，GMM 模型可以展开为

$$f_{NG}(x) = \alpha \frac{1}{\sqrt{2\pi}\sigma_1} \exp\left(-\frac{x^2}{2\sigma_1^2}\right) + (1-\alpha) \frac{1}{\sqrt{2\pi}\sigma_2} \exp\left(-\frac{x^2}{2\sigma_2^2}\right) \tag{5.42}$$

式中：σ_1 和 σ_2 为两个高斯分量的标准差；α 和（$1-\alpha$）为两个高斯分量的概率权重因子。式（5.42）中有 3 个未知数 σ_1、σ_2 和 α。因此，需要一个三元方程组来求解。

工程实际中的非高斯随机载荷的高阶统计量的真值是不可知的，一般使用估计值代替。零均值非高斯随机载荷的二阶、四阶和六阶矩可以通过下式得到

估计结果：

$$\begin{cases} m_2 = E[x^2] = \displaystyle\int_{-\infty}^{\infty} x^2 f_{NG}(x)\,\mathrm{d}x \cong \hat{m}_2 = \frac{1}{T}\int_0^T x^2(t)\,\mathrm{d}t \\[3mm] m_4 = E[x^4] = \displaystyle\int_{-\infty}^{\infty} x^4 f_{NG}(x)\,\mathrm{d}x \cong \hat{m}_4 = \frac{1}{T}\int_0^T x^4(t)\,\mathrm{d}t \\[3mm] m_6 = E[x^6] = \displaystyle\int_{-\infty}^{\infty} x^6 f_{NG}(x)\,\mathrm{d}x \cong \hat{m}_6 = \frac{1}{T}\int_0^T x^6(t)\,\mathrm{d}t \end{cases} \tag{5.43}$$

式中：T 为样本信号持续时间。当 T 足够大时，式(5.43)中的估计结果将收敛于真值[8]。

将式(5.42)代入式(5.43)，得

$$\begin{cases} m_2 = \alpha m_2^{(1)} + (1-\alpha)\,m_2^{(2)} \\ m_4 = \alpha m_4^{(1)} + (1-\alpha)\,m_4^{(2)} \\ m_6 = \alpha m_6^{(1)} + (1-\alpha)\,m_6^{(2)} \end{cases} \tag{5.44}$$

式中：$m_2^{(1)}$ 和 $m_2^{(2)}$ 为两个高斯分量的二阶矩（方差）；$m_4^{(1)}$ 和 $m_4^{(2)}$ 为四阶矩；$m_6^{(1)}$ 和 $m_6^{(2)}$ 为六阶矩。

零均值高斯过程的高阶矩可以表示为标准差 σ 的函数形式，

$$m_k = \begin{cases} [1\times3\times5\times\cdots\times(k-1)]\,\sigma^k, & k \text{ 为偶数} \\ 0, & k \text{ 为奇数} \end{cases} \tag{5.45}$$

其中 k 为正整数，$1 \leqslant k < \infty$，对于两个高斯分量有

$$\begin{cases} m_2^{(1)} = \sigma_1^2,\ m_2^{(2)} = \sigma_2^2 \\ m_4^{(1)} = 3\sigma_1^4,\ m_4^{(2)} = 3\sigma_2^4 \\ m_6^{(1)} = 15\sigma_1^6,\ m_6^{(2)} = 15\sigma_2^6 \end{cases} \tag{5.46}$$

将式(5.46)代入式(5.44)得

$$\begin{cases} m_2 = \alpha\sigma_1^2 + (1-\alpha)\sigma_2^2 \\ m_4 = 3\alpha\sigma_1^4 + 3(1-\alpha)\sigma_2^4 \\ m_6 = 15\alpha\sigma_1^6 + 15(1-\alpha)\sigma_2^6 \end{cases} \tag{5.47}$$

将式(5.43)中统计量 $\hat{m}_2$、$\hat{m}_4$ 和 $\hat{m}_6$ 代入式(5.47)，可以求解未知参数 σ_1、σ_2 和 α。这样即可以得到非高斯过程的二维 GMM 模型。这是一种求非高斯随机载荷幅值 PDF 的方法。然而，要开展基于频域数据的疲劳损伤计算，需要将 GMM 模型引入到频域求解非高斯随机载荷的雨流幅值分布函数。

5.3.2　非高斯随机载荷功率谱分解

前面多次提及，PSD 不能完全定义一个非高斯过程。基于 GMM 模型，可以

给出非高斯过程的概率解释。在式(5.42)中,α 和($1-\alpha$)分别代表了两个高斯分量在时域中出现的概率。进一步,可以根据非高斯过程的高阶统计量将其 PSD 分解为两个不同量值的 PSD,借此将非高斯特征引入到频域。

零均值非高斯过程 $X(t)$ 的方差可以表示为

$$\sigma_X^2 = \int_0^\infty S_X(f)\,\mathrm{d}f \tag{5.48}$$

式中:$S_X(f)$ 为单边功率谱;f 为频率。对于两个高斯分量有

$$\sigma_1^2 = \int_0^\infty S_1(f)\,\mathrm{d}f, \quad \sigma_2^2 = \int_0^\infty S_2(f)\,\mathrm{d}f \tag{5.49}$$

其中 $S_1(f)$ 和 $S_2(f)$ 为两个高斯分量的 PSD。根据式(5.47),有

$$\sigma_X^2 = \alpha\sigma_1^2 + (1-\alpha)\sigma_2^2 \tag{5.50}$$

将式(5.48)和式(5.49)代入式(5.50),得到

$$S_X(f) = \alpha S_1(f) + (1-\alpha)S_2(f) \tag{5.51}$$

为了推导基于频域数据的非高斯雨流分布,必须确定 $S_1(f)$ 和 $S_2(f)$ 的量值。这里假设 $S_1(f)$ 和 $S_2(f)$ 沿频率轴与 $S_X(f)$ 成比例关系,即

$$S_1(f) = \eta_1 S_X(f), \quad S_2(f) = \eta_2 S_X(f) \tag{5.52}$$

其中 η_1 和 η_2 为比例常数,可以通过联立式(5.52)、式(5.48)和式(5.49)计算得到

$$\eta_1 = \frac{\sigma_1^2}{\sigma_X^2}, \quad \eta_2 = \frac{\sigma_2^2}{\sigma_X^2} \tag{5.53}$$

然后,将式(5.52)和式(5.53)代入式(5.51)得到基于 GMM 模型的非高斯随机载荷 PSD 的分解表示形式,定义为概率功率谱(Probabilistic PSD,PPSD)。

5.3.3　GMM-Dirlik 公式与疲劳损伤估计

5.3.3.1　Dirlik 公式

Dirlik 公式给出了归一化的宽带高斯随机载荷雨流幅值分布函数的闭合表达式。该方法是基于理论分析和大量的仿真计算得到的[16]。首先,引入 PSD 谱矩的概念,对于高斯随机载荷 $X(t)$,谱矩可以表示为

$$\lambda_n = \int_0^\infty f^n S_X(f)\,\mathrm{d}f \tag{5.54}$$

通过谱矩可以得到随机载荷 $X(t)$ 的重要统计特征。例如,RMS $\sigma_X = \sqrt{\lambda_0}$,零正向穿越率(随机载荷序列单位时间内向上穿越均值的平均次数)$v_0 = \sqrt{\lambda_2/\lambda_0}$,峰

值率(随机载荷序列单位时间内出现峰值的平均次数)$v_p = \sqrt{\lambda_4 / \lambda_2}$，带宽因子 B $= v_0 / v_p$ 和平均频率 $f_m = \lambda_1 / \lambda_0 \sqrt{\lambda_2 / \lambda_4}$。

随机载荷的归一化雨流幅值 S_o 表示为

$$S_o = S / \sigma_X \tag{5.55}$$

式中：S 为雨流幅值。然后基于 Dirlik 公式的归一化雨流幅值分布表达式为[16]

$$p(S_o) = c_1 \frac{1}{\varpi} \exp\left(-\frac{S_o}{\varpi}\right) + c_2 \frac{S_o}{\xi^2} \exp\left(-\frac{S_o^2}{2\xi^2}\right) + c_3 S_o \exp\left(-\frac{S_o^2}{2}\right) \tag{5.56}$$

其中 $c_1 = \dfrac{2(f_m - B^2)}{1 + B^2}$，$\xi = \dfrac{B - f_m - c_1^2}{1 - B - c_1 + c_1^2}$，$c_2 = \dfrac{1 - B - c_1 + c_1^2}{1 - \xi}$，$c_3 = 1 - c_1 - c_2$，$\varpi = $

$\dfrac{1.25(B - c_3 - c_2\xi)}{c_1}$。许多研究证明 Dirlik 公式能够准确地描述宽带高斯随机载荷的雨流分布[2,19]。

5.3.3.2　GMM-Dirlik 公式

式(5.51)给出了基于 GMM 模型的非高斯随机载荷的 PPSD。对于两个高斯分量，可以分别利用 Dirlik 方法计算其雨流幅值分布，即

$$p_1(S) = \frac{p_1(S_o)}{\sigma_1}\bigg|_{S_o = S/\sigma_1}, \quad p_2(S) = \frac{p_2(S_o)}{\sigma_2}\bigg|_{S_o = S/\sigma_2} \tag{5.57}$$

式中：$p_1(S_o)$ 和 $p_2(S_o)$ 为高斯分量的归一化雨流幅值分布；S 为雨流幅值；σ_1 和 σ_2 分别为两个高斯分量的标准差。非高斯随机载荷的雨流分布可以表示为

$$f_{GMM}(S) = \alpha p_1(S) + (1 - \alpha) p_2(S) \tag{5.58}$$

由式(5.57)和式(5.58)确定的宽带非高斯雨流幅值分布函数定义为 GMM-Dirlik 公式。

5.3.3.3　疲劳损伤计算

对于零均值非高斯随机载荷，雨流幅值分布函数可以根据 GMM-Dirlik 公式计算得到。对于非零均值载荷，雨流幅值分布需要根据修正模型进行修正，如 Goodman 模型、Gerber 模型和 Soderberg 模型[7]等。雨流循环发生率(即单位时间内出现雨流循环次数的期望)v_c 等于峰值率 v_p，可以通过 PSD 谱矩计算得到(见 5.3.3.1 节)。

根据 S-N 曲线表达式和 Miner 准则，非高斯随机载荷的疲劳损伤期望为

$$E[D_{NG}] = \frac{v_c T}{A} \int_0^\infty S^b f_{GMM}(S) \, dS \tag{5.59}$$

式中：T 为载荷持续时间；$f_{GMM}(S)$ 为由式(5.58)定义的非高斯雨流幅值分布函数。

5.4 示 例

5.4.1 窄带非高斯随机载荷疲劳寿命计算示例

为充分验证 5.2 节提出的 b-阶矩法的有效性这里给出两个示例。示例 1 的试验数据来自文献[10]。对于高斯随机载荷，分别使用 b-阶矩法和瑞利分布法[20]估计结构的疲劳寿命。对于非高斯随机载荷，分别利用 b-阶矩法、Kihl 模型、W-H 模型和瑞利分布法估计结构的疲劳寿命，并对不同方法的结果进行对比分析。

示例 2 通过仿真得到窄带非高斯过程（峭度 $\gamma_4 = 7.3$），利用计算机生成 1000 个样本序列。假设结构 S-N 曲线的疲劳参数为 $b = 2, 4, \cdots, 10, A = 2.23 \times 10^{15}$。对于每一个样本序列用 WAFO 进行雨流计数[21]，计算疲劳损伤。由 1000 个样本序列计算得到的疲劳损伤均值和不同理论方法的计算结果进行对比。

5.4.1.1 示例 1

对图 5-9 所示"十"字形焊接结构开展窄带高斯和非高斯随机载荷疲劳试验。该结构的焊角是疲劳裂纹萌生和扩展的关键位置。试验件及其结构尺寸如图 5-9 所示。试件材料的屈服应力和极限应力分别为 638MPa 和 683MPa。在疲劳试验过程中，通过液压系统沿垂直轴向对试件加载应力。试件疲劳 S-N 曲线为

$$NS^{3.210} = 1.7811 \times 10^{12} \tag{5.60}$$

式(5.60)是基于 4 种常幅值应力水平下的疲劳试验数据拟合得到的，其中最低和最高应力分别为 83MPa 和 310MPa。

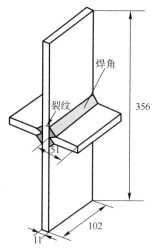

图 5-9 疲劳试验件(单位:mm)

窄带高斯过程 $X(t)$ 通过以下自回归模型生成：

$$x_t = -0.95x_{t-1} + 0.05w_t \qquad (5.61)$$

式中：w_t 为高斯白噪声，且 $\sigma^2(w_t) = \sigma^2(x_t) = 1$。将式 (5.61) 生成的高斯信号按 Kihl 模型进行非线性变换得到非高斯载荷。设定非高斯随机载荷的峭度 $\gamma_4 = 5$，Kihl 模型的变换参数为 $n = 2$，$\beta = 0.342$，$C = 1.563$。标准化高斯和非高斯过程如图 5-10 所示。然后通过尺度因子来控制目标高斯和非高斯载荷的 RMS 值。试验过程中使用的 3 种随机应力的 RMS 值分别为 52MPa、69MPa 和 103MPa。每组疲劳试验使用 4 个试验件，3 种应力水平下的高斯疲劳试验结果如表 5-2 所列。

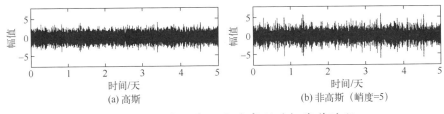

图 5-10　标准化高斯和非高斯随机载荷过程

表 5-2　窄带高斯随机载荷疲劳试验结果

RMS 应力水平/MPa	失效循环次数 $N_{f,exp}$			
52	1504200，	1111300，	1178100，	1216300
69	488000，	686700，	901700，	463000
103	93600，	112600，	128000，	141200

高斯和非高斯随机载荷的峰值率为 $v_p = 11603$ 次/天。临界疲劳损伤假设为 $D_{cr} = 1$。基于 b-阶矩法，结构疲劳寿命为

$$N_{New} = Tv_p = D_{cr} \frac{A\widetilde{C}_b}{m_{|X|}^b} = \frac{A\widetilde{C}_b}{m_{|X|}^b} \qquad (5.62)$$

其中 $A = 1.7811 \times 10^{12}$，$b = 3.210$。

试验疲劳寿命结果的均值、b-阶矩法计算结果和瑞利分布法计算结果分别如表 5-3 所列，其中：

$\overline{N}_{f,exp}$ 表示表 5-2 中各应力水平下试验结果的均值；

N_{New} 表示 b-阶矩法的疲劳寿命估计结果；

N_{Ray} 表示瑞利分布法的估计结果。

表 5-3　窄带高斯疲劳寿命结果对比

RMS 应力水平/MPa	疲劳循环载荷次数		
	$\overline{N}_{\text{f,exp}}$	N_{New}	N_{Ray}
52	1252475	1268441	1288400
69	634850	513613	511700
103	118850	137425	139200

从表 5-3 可以看出,对于窄带高斯随机载荷,b-阶矩法的计算结果与试验结果的均值接近。b-阶矩法和瑞利分布法计算结果的相对误差如表 5-4 所列。另外,图 5-11 展示了两种方法计算误差的对比结果。

表 5-4　窄带高斯随机载荷疲劳寿命计算误差

RMS 应力水平/MPa	相对误差/%	
	b-阶矩法	瑞利分布法
52	1.27	2.87
69	−19.10	−19.40
103	15.63	17.12

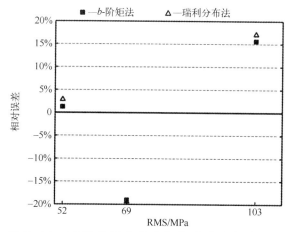

图 5-11　窄带高斯疲劳寿命估计结果相对误差

可以看到以上两种方法的计算精度相当,但 b-阶矩法的计算过程更为简单。另外,b-阶矩法的最大优势在于对非高斯窄带随机载荷的处理能力。

窄带非高斯疲劳试验结果如表 5-5 所列,其中随机载荷的峭度值 $\gamma_4 = 5$。各应力水平下试验疲劳寿命的均值和 b-阶矩法、瑞利分布法、Kihl 模型[10] 和 W-H 模型[9] 的估计结果分别如表 5-6 所列,其中:

$\overline{N}_{\rm f,exp}$ 表示试验疲劳寿命 $N_{\rm f,exp}$ 的均值；

$N_{\rm New}$ 表示 b-阶矩法的估计结果；

$N_{\rm Ray}$ 表示瑞利分布法的估计结果；

$N_{\rm Kihl}$ 表示 Kihl 模型的估计结果；

$N_{\rm WH}$ 表示 W-H 模型的估计结果。

表 5-5　窄带非高斯随机载荷疲劳试验结果

RMS 应力水平/MPa	疲劳循环载荷次数 $N_{\rm f,exp}$			
52	693000,	903100,	1013100,	922500
69	256700,	337500,	229300,	424300
103	30700,	27100,	31200,	28400

表 5-6　窄带非高斯疲劳寿命结果对比（$\gamma_4 = 5$）

RMS 应力水平/MPa	疲劳循环载荷次数				
	$\overline{N}_{\rm f,exp}$	$N_{\rm New}$	$N_{\rm Ray}$	$N_{\rm Kihl}$	$N_{\rm WH}$
52	882925	893069	1288400	862300	904502
69	311950	322251	511700	342500	353117
103	29350	90394	139200	93200	97736

与试验结果进行对比，在不同应力水平下各种方法估计结果的相对误差如表 5-7 所列。另外，图 5-12 展示了各种方法计算误差的对比结果。

表 5-7　窄带非高斯随机载荷疲劳寿命计算误差

RMS 应力水平/MPa	相对误差/%			
	b-阶矩法	瑞利分布法	Kihl 模型	W-H 模型
52	1.15	45.92	-2.34	2.44
69	3.30	64.30	9.79	13.20
103	207.99	374.28	217.55	233.00

当 RMS 应力水平为 52MPa 和 69MPa 时，b-阶矩法的预计结果和试验结果一致性很好。基于 Kihl 模型和 W-H 模型的计算结果均在可接受的范围内。然而，瑞利分布法的计算误差较大，主要是因为瑞利分布法忽略了随机载荷的非高斯性。

通过表 5-6 和图 5-12 可以看到，当非高斯随机载荷的 RMS 应力水平为 103MPa 时，各种方法的预计结果均出现很大的偏差。这种现象由以下两种原因引起：首先，在进行结构 S-N 曲线拟合时所用的最大应力值为 310MPa，但窄

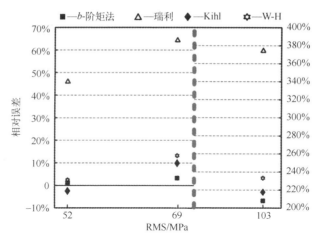

图 5-12 窄带非高斯疲劳寿命估计结果相对误差

带非高斯载荷有很多极大值远超过该应力水平,如图 5-13 所示。其次,窄带非高斯随机载荷一些应力极值超过了材料的屈服极限 $\sigma_y = 638\text{MPa}$(图 5-13),这些过高的应力极值改变了结构的疲劳失效机理,使线性累积损伤法则不再适用。这时可以考虑使用 Manson 双线性损伤法则[22]和应变疲劳寿命理论[23,24]进行疲劳寿命估计。

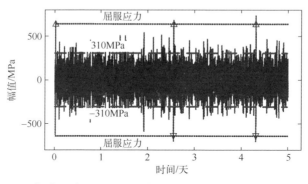

图 5-13 窄带非高斯随机载荷样本时间序列(RMS=103MPa)

分析表 5-3 和表 5-6 给出的结果,可以发现 b-阶矩法既适用于窄带高斯随机载荷又适用于窄带非高斯随机载荷。示例 1 结构的疲劳参数 $b = 3.210$,小于 4,这种情况下 Kihl 模型和 W-H 模型均可以得到较好的疲劳寿命估计结果。下面示例 2 将通过数值示例分析当疲劳参数 b 取值范围为 $2 \leqslant b \leqslant 10$ 时以上各种方法的计算精度。

5.4.1.2 示例 2

本示例通过计算机仿真得到窄带非高斯随机载荷,并进行疲劳分析。仿真信号的方差 $\sigma_Z^2 = 54.7158 \text{MPa}^2$,峭度 $\gamma_4 = 7.3$,如图 5-14 所示。S-N 曲线为 $NS^b = 2.23 \times 10^{15}$,$b = 2, 4, \cdots, 10$。通过计算机仿真得到 1000 个时间长度 $T = 100\text{s}$ 的窄带非高斯随机载荷样本时间序列,并基于这 1000 个仿真序列来计算参数 $b = 2, 4, \cdots, 10$ 时的疲劳累积损伤均值,结果如表 5-8 所列。基于 b-阶矩法的计算结果在表 5-8 第 3 列。不同参数组合的 Kihl 模型结果在第 4~6 列。W-H 模型结果在最后一列。b-阶矩法的预计结果与仿真观测结果均值接近。另外,定义参数 ξ 为理论计算结果与仿真观测均值的比值,例如对于参数为 $(n = 2, \beta = 1.15)$ 的 Kihl 模型,疲劳损伤比定义为

$$\xi_{\text{Kihl}}(b \mid 2, 1.15) = \frac{D_{\text{Kihl}}(b \mid 2, 1.15)}{D_{\text{obs}}(b)} \qquad (5.63)$$

式中:$D_{\text{Kihl}}(b \mid 2, 1.15)$ 为基于 Kihl 模型的疲劳损伤估计值。

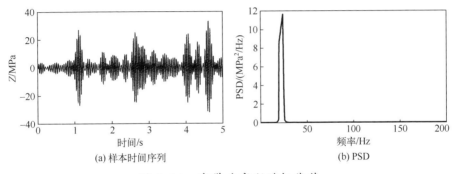

(a) 样本时间序列 (b) PSD

图 5-14 窄带非高斯随机载荷

表 5-8 不同方法非高斯随机载荷($T = 100\text{s}$)疲劳损伤计算结果

b	D_{obs}	D_{New}	D_{Kihl}			$D_{\text{W-H}}$
			$\{2, 1.15\}$	$\{3, 0.135\}$	$\{4, 0.033\}$	
2	1.187×10^{-10}	1.264×10^{-10}	1.364×10^{-10}	1.328×10^{-10}	1.293×10^{-10}	1.339×10^{-10}
4	6.672×10^{-8}	6.817×10^{-8}	7.604×10^{-8}	7.978×10^{-8}	8.360×10^{-8}	8.995×10^{-8}
6	1.187×10^{-4}	1.203×10^{-4}	0.960×10^{-4}	1.476×10^{-4}	2.4189×10^{-4}	1.941×10^{-4}
8	4.775×10^{-1}	4.935×10^{-1}	2.150×10^{-1}	6.237×10^{-1}	17.927×10^{-1}	9.512×10^{-1}
10	3.175×10^3	3.384×10^3	0.748×10^3	4.646×10^3	20.743×10^3	7.940×10^3

疲劳损伤为关于时间的随机过程,利用 Bootstrap 方法可以从 1000 个样本观测结果中估计疲劳损伤 90% 的置信区间 $[D_{\text{obs}}^{\text{L}}(b), D_{\text{obs}}^{\text{U}}(b)]$。置信区间的上、

下限与观测均值的比值定义为观测疲劳损伤比的上限和下限为

$$\xi_{\text{obs}}^{\text{L}}(b) = \frac{D_{\text{obs}}^{\text{L}}(b)}{D_{\text{obs}}(b)}, \quad \xi_{\text{obs}}^{\text{U}}(b) = \frac{D_{\text{obs}}^{\text{U}}(b)}{D_{\text{obs}}(b)} \tag{5.64}$$

图 5-15 展示了基于不同方法的疲劳损伤比曲线与式(5.64)中定义的观测疲劳损伤比上、下限之间的关系。

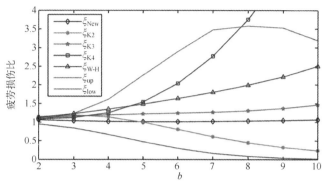

图 5-15 疲劳损伤比曲线

ξ_{New} b-阶矩法，ξ_{K2} 参数为 $\{2,1.15\}$ 的 Kihl 模型，ξ_{K3} 参数为 $\{3,0.135\}$ 的 Kihl 模型，ξ_{K4} 参数为 $\{4,0.033\}$ 的 Kihl 模型，$\xi_{\text{W-H}}$ W-H 模型，ξ_{up} 和 ξ_{low} 90% 置信区间的置信上下限

可以看到 b-阶矩法的疲劳损伤比曲线 ξ_{New} 稍大于 1，表明疲劳损伤估计结果是准确且偏保守的，这对于实际问题是有利的。当选择不同的参数 $\{n,\beta\}$ 时，Kihl 模型的疲劳损伤比曲线变化很大。例如，当参数为 $\{4,0.033\}$ 时，Kihl 模型的疲劳损伤比曲线将随着疲劳参数 b 的增大穿过曲线 $\xi_{\text{obs}}^{\text{U}}(b)$；然而，当参数为 $\{2,1.15\}$ 时，Kihl 模型的疲劳损伤比曲线随着 b 的增大而减小。所以当选择不同的模型参数 $\{n,\beta\}$ 时，Kihl 模型的结果并不稳定。基于 W-H 模型的计算结果总体是偏保守的。

5.4.2 宽带非高斯随机载荷疲劳寿命计算示例

本示例的疲劳试验数据来自文献[10]。使用 GMM-Dirlik 法估计图 5-9 所示的试验件的疲劳寿命。并对 GMM-Dirlik 法、非线性变换法和高斯假设的疲劳寿命计算结果及试验结果进行了对比。另外，对应力载荷序列进行了雨流计数来估计雨流幅值的经验分布。

非高斯随机载荷是由标准高斯信号仿真方法[25]结合非线性变换模型[10]得到的。宽带非高斯随机载荷的峭度值为 5，RMS 应力水平分别为 52MPa、69MPa、103MPa。不同 RMS 应力水平下的宽带非高斯随机载荷的样本时间序列及其 PSD 如图 5-16 所示。

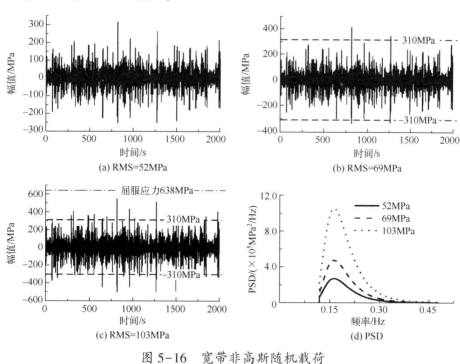

(a) RMS=52MPa

(b) RMS=69MPa

(c) RMS=103MPa

(d) PSD

图 5-16　宽带非高斯随机载荷

每个仿真信号作为应力载荷作用于图 5-9 所示的试验件上,直到结构失效。每种 RMS 应力水平下疲劳试验样本量为 4,试验结果如表 5-9 所列。

表 5-9　宽带非高斯随机载荷疲劳试验结果

RMS 应力水平/MPa	疲劳寿命循环数 N_{exp}				均值$\bar{N}_{exp}$
52	951800,	742900,	1067900,	703000	866400
69	373800,	326300,	273000,	301000	318525
103	47900,	45100,	39500,	44200	44175

假设临界疲劳累积损伤为 $D_{cr}=1$,非高斯随机载荷疲劳寿命可以表示为

$$N_{GMM} = v_c T = \frac{A}{\int_0^\infty S^b f_{GMM}(S)\,\mathrm{d}S} \tag{5.65}$$

结构 S-N 曲线参数 $b=3.210$, $A=1.7811\times10^{12}$。基于 GMM-Dirlik 公式得到非高斯随机载荷雨流分布 $f_{GMM}(S)$。这里仅介绍 RMS 应力水平为 52MPa 时,GMM-Dirlik 方法的求解过程,其他情况类似。

基于式(5.43)可以得到如图5-16(a)所示的非高斯随机载荷的二阶、四阶和六阶中心矩的估计值，$\hat{m}_2 = 2704$，$\hat{m}_4 = 3.8564 \times 10^7$，$\hat{m}_6 = 1.2044 \times 10^{12}$。将以上结果代入式(5.47)，得到GMM模型参数$\alpha = 0.7560$，$\sigma_1 = 36.9662$和$\sigma_2 = 82.7539$。然后，根据式(5.53)确定非高斯随机载荷的PPSD参数为

$$\eta_1 = \frac{\sigma_1^2}{\sigma_X^2} = \left(\frac{36.9662}{52}\right)^2 = 0.5054, \quad \eta_2 = \frac{\sigma_2^2}{\sigma_X^2} = \left(\frac{82.7539}{52}\right)^2 = 2.5326 \quad (5.66)$$

基于式(5.66)和式(5.52)，得到非高斯随机载荷的PPSD，如图5-17所示。将$S_1(f)$和$S_2(f)$分别代入Dirlik公式(式(5.55)和式(5.56))得到两个高斯雨流分布$p_1(S)$和$p_2(S)$；然后根据式(5.58)，得到宽带非高斯随机载荷的雨流分布如图5-18所示。

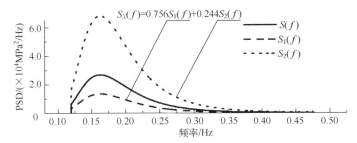

图5-17　宽带非高斯随机载荷PPSD(RMS=52MPa)

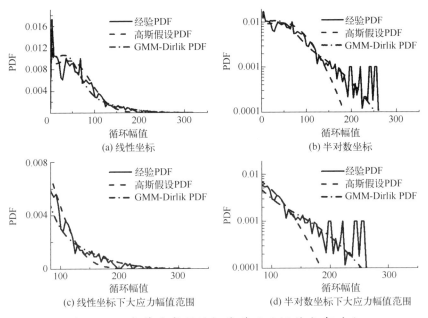

图5-18　宽带非高斯随机载荷雨流幅值分布对比

另外,在图 5-18 中给出了雨流幅值的经验分布和相同 RMS 的高斯雨流分布。经验分布是通过对时间长度为 $T=4000s$ 的载荷序列进行雨流计数得到的。从该样本时间序列中计数得到 1425 个雨流循环。图 5-18 给出的对比结果显示了 GMM-Dirlik 方法在描述宽带非高斯雨流分布时具有较高的精度。图 5-18(a)、(b)分别在线性坐标和半对数坐标中给出了 3 条雨流分布曲线的全局对比。GMM-Dirlik 方法能够很好地描述非高斯雨流幅值分布,尤其是在雨流幅值较大的范围。通常,发生次数较少、幅值较大的雨流循环却是结构疲劳损伤的主导因素,所以在图 5-18(c)、(d)中分别在线性和半对数坐标中给出雨流幅值大于 83MPa 的分布情况。可以发现当接近或小于 0.001 时,经验分布 PDF 曲线起伏严重。这种现象的原因在于估计经验分布的样本数为 1425,该数值不足以在 0.001 数量级给出准确的估计结果。但 GMM-Dirlik 方法可以给出准确和稳定的估计结果,如图 5-18(b)、(d)所示。

将非高斯雨流幅值分布代入式(5.59),估计试验样本的疲劳寿命。表 5-10 中给出了 3 种应力水平下疲劳试验寿命均值、GMM-Dirlik 方法估计结果、非线性变换模型估计结果[10] 和 Dirlik 公式[16] 估计结果,其中:

$\overline{N}_{exp}$ 表示疲劳试验结果的均值;

N_{GMM} 表示 GMM-Dirlik 方法的估计结果;

N_{Kihl} 表示基于 Kihl 模型的估计结果[52];

N_G 表示基于高斯假设,由 Dirlik 公式得到的结果。

通过表 5-10 可以看到对于宽带非高斯随机载荷,基于 GMM-Dirlik 公式的疲劳寿命估计结果与疲劳试验结果均值吻合很好,但 RMS 应力水平为 103MPa 时除外。与试验结果相比,在应力水平为 52MPa、69MPa 和 103MPa 时,GMM-Dirlik 方法的相对误差分别为 2.91%,12.97% 和 106.88%。Kihl 模型的计算误差为 25.32%、35.37% 和 165.53%。而基于高斯假设时计算结果的相对误差为 82%、133.46% 和 390.75%。

表 5-10　宽带非高斯疲劳寿命结果对比($\gamma_4 = 5$)

RMS 应力水平/MPa	疲劳寿命			
	$\overline{N}_{exp}$	N_{GMM}	N_{Kihl}	N_G
52	866400	891600(2.91%)	1085800(25.32%)	1580338(82.40%)
69	318525	359833(12.97%)	431200(35.37%)	743634(133.46%)
103	44175	91388(106.88%)	117300(165.53%)	216792(390.75%)

可以看到当随机载荷的 RMS 应力水平为 103MPa 时,各种方法的计算结果均与试验结果存在较大偏差。发生这种情况的原因有两种:首先,试验件的S-N

曲线是由常幅值疲劳试验结果拟合得到的,其中最高应力水平为 310MPa。但是对于峭度为 5,RMS 水平为 103MPa 的宽带非高斯随机载荷,一些极值大于 310MPa,如图 5-16(c)所示。其次,随机载荷的少数应力极值已经接近结构材料的屈服极限 $\sigma_y = 638$MPa,如图 5-16(c)所示。这些较大的极值所引起的损伤占结构总损伤的比重很大,改变了结构的疲劳失效机理,线性累积损伤法则不再适用,需要用应变—疲劳寿命方法或低周疲劳寿命方法进行分析。

参考文献

[1] Endo T, Mitsunaga K, Takahashi K, et al. Damage Evaluation of Metals for Random or Varying Loading [C]// Proceedings of Symp on Mechanical Behavior of Materials, Denver, 1974.

[2] Bishop N W M. The use of frequency domain parameters to predict structural fatigue[D]. Coventry: University of Warwich, 1988.

[3] Anthes R J. Modified Rainflow Counting Keeping the Load Sequence[J]. International Journal of Fatigue, 1997, 19(7): 529-535.

[4] Rychlik I. A New Definition of the Rainflow Cycle Counting Method[J]. International Journal of Fatigue, 1987, 9: 119-121.

[5] Palmgren A. Die Lebensdauer von Kugellargern[J]. Z Vereines Duetsher Ing, 1942, 68(4): 339-341.

[6] Shannon C E. Communication In The Presence Of Noise[J]. Proceedings of the Ire, 1949, 86(1): 10-21.

[7] Lee Y L, Pan J, Hathaway R, et al. Fatigue Testing and Analysis-Theory and Practice[M]. Burlington: Elsevier Butterworth-Heinemann, 2005.

[8] Bendat B J S. Probability functions for random responses: Predictions of peaks, fatigue damage and catastrophic failures[R]. Houston: NASA, 1964.

[9] Winterstein S R. Nonlinear Vibration Models for Extremes and Fatigue[J]. Journal of Engineering Mechanics, 1988, 114(10): 1772-1790.

[10] Kihl D P, Sarkani S, Beach J E. Stochastic fatigue damage accumulation under broadband loadings[J]. International Journal of Fatigue, 1995, 17(5): 321-329.

[11] Mendel J M. Tutorial on higher-order statistics (spectra) in signal processing and system theory: theoretical results and some applications[J]. IEEE Proc, 1991, 49(3): 278-305.

[12] Nikias C L, Petropulu A P. Higher-order spectra analysis[M]. New Jersey: Prentice-Hall, Englewood Cliffs, 1993.

[13] Ochi M K, Ahn K. Probability distribution applicable to non-Gaussian random processes [J]. Probabilistic Engineering Mechanics, 1994, 9(4): 255-264.

[14] Rychlik I, Gupta S. Rain-flow fatigue damage for transformed gaussian loads[J]. Interna-

tional Journal of Fatigue,2007,29(3):406-420.

[15] Benasciutti D,Tovo R. Cycle Distribution and Fatigue Damage Assessment in Broad-Band non-Gaussian Random Processes[J]. Probabilistic Engineering Mechanics,2005,20: 115-127.

[16] Dirlik,Turan. Application of computers in fatigue analysis[D]. Coventry:The University of Warwick,1985.

[17] Blum R S,Zhang Y,Sadler B M,et al. On the Approximation of Correlated Non-Gaussian Noise Pdfs using Gaussian Mixture Models[C]//Proceedings of the IEEE Signal Processing Workshop on Signal Processing Advances in Wireless Communications,1997.

[18] Kozick R J,Sadler B M. Maximum-likelihood array processing in non-Gaussian noise with Gaussian mixtures [J]. IEEE Transactions on Signal Processing, 2000, 48 (12): 3520-3535.

[19] Benasciutti D,Tovo R. Comparison of spectral methods for fatigue analysis of broad-band Gaussian random processes [J]. Probabilistic Engineering Mechanics, 2006, 21 (4): 287-299.

[20] Benasciutti D,Tovo R. Cycle distribution and fatigue damage assessment in broad-band non-Gaussian random processes[J]. Probabilistic Engineering Mechanics,2005,20(2): 115-127.

[21] Brodtkorb P A,Johannesson P,Lingren G,et al. WAFO-A Matlab Toolbox for Analysis of Random Waves and Loads[C]//Proceedings of 10th international offshore and polar engineering conference,2000,343-350.

[22] Rambabu D V,Ranganath V R,Ramamurty U,et al. Variable Stress Ratio in Cumulative Fatigue Damage:Experiments and Comparison of Three Models[J]. Proc I Mech E Part C: Journal of Mechanical Engineering Science,2010,224:271-282.

[23] Fatemi A,Yang L. Cumulative fatigue damage and life prediction theories:a survey of the state of the art for homogeneous materials[J]. International Journal of Fatigue,1998,20 (1):9-34.

[24] Jan M M,Gaenser H P,Eichlseder W. Prediction of the Low Cycle Fatigue Regime of the S-N Curve with Application to an Aluminium Alloy[J]. Proc I Mech E Part C:J Mechanical Engineering Science,2012,226:1198-1209.

[25] Shinozuka M,Jan C M. Digital simulation of random processes and its applications[J]. Journal of Sound & Vibration,1972,25(1):111-128.

第6章

非高斯随机振动疲劳可靠性分析

在工程实际中,许多产品结构经受随机载荷[1]。结构在随机载荷作用下的疲劳寿命也是随机的[2],因此评估结构的疲劳可靠性是非常重要的问题[3,4]。尽管对相关理论有一定的研究,但是随机载荷疲劳可靠性评估问题仍然是一个具有挑战性的问题。Svensson 确定了 5 种影响疲劳寿命不确定性的因素[5]:①载荷的不确定性;②材料疲劳特性的随机性;③结构参数,如尺寸、表面特征等不确定性;④参数估计误差;⑤模型本身误差。很明显,前三项为疲劳现象本身所具有的随机性,后两项是由于对研究对象缺乏足够的认识而导致的。目前来看,任何方法对后两项误差都是不可避免的。而剩余的三项则可以根据其性质分为两种:第①项表示外载荷的不确定性(外因);②、③项表示机械单元本身疲劳特性的随机性(内因)。因此,对于理论可靠性分析方法在尽量降低模型误差的前提下应该考虑以上两种因素。

总体而言,外载荷引起的随机载荷疲劳损伤的随机性表现在以下两点:给定时间内的雨流循环次数和雨流循环幅值分布。由于随机载荷是一个随机过程,因此在给定时间段内雨流循环次数是一个随机变量。然而对于高周疲劳,雨流循环次数的随机性可以忽略不计[6]。

通常所谓的 S-N 曲线是指中位 S-N 曲线。中位 S-N 曲线常用来表示结构的平均疲劳特性[7,8],不能表示疲劳特性的随机性。为了研究疲劳特性的随机性,需要引入概率 S-N 曲线,即 P-S-N 曲线[9-12]。一般情况下,P-S-N 曲线由不同应力水平下的常幅疲劳寿命试验数据拟合得到。它可以比较客观地描述结构疲劳特性的随机性。

基于上述疲劳损伤随机性的两种因素,本章将研究随机载荷疲劳可靠性分析方法。由于高斯和非高斯随机载荷疲劳可靠性计算方法是一致的,因此本章以高斯随机载荷为例开展研究,相关理论方法完全适用于非高斯情况。第 5 章已经研究了窄带、宽带非高斯随机载荷的雨流分布,本章采用非参数方法估计随机载荷雨流幅值分布[13]，以进一步完善和补充随机载荷雨流分布估计方法。本章所提出的方法可以有效综合雨流分布引起的随机性和结构疲劳特性的随机性，能够得到结构疲劳可靠度均值和置信区间的准确估计结果。

6.1 随机载荷引起的疲劳损伤随机性

6.1.1 雨流循环次数的随机性

随机载荷在给定时间长度 t 内包含的雨流循环数是不确定的。这主要是由于单位时间内的雨流循环数 v_c 是随机变量。而在时间区间 t 内，总的雨流循环次数为

$$M_t = \sum_{i=1}^{t} v_c^{(i)} \tag{6.1}$$

式中：$v_c^{(i)}$ 为第 i 个单位时间区间内的雨流循环次数。现在为止，未见关于 v_c 的概率分布的解析结果。M_t 的期望可以表示为

$$E[M_t] = \bar{v}_c t \tag{6.2}$$

式中：$E[\cdot]$ 为数学期望；$\bar{v}_c$ 为 v_c 的期望值，可以由随机载荷的 PSD 计算得到[14]。

随机载荷引起的疲劳失效一般为高周疲劳。Johannesson[6] 指出对于高周疲劳问题，雨流循环次数 M_t 的随机性可以忽略不计。下面基于大数定理给出该假设的证明过程。

根据 Bishop[15] 的研究结论，不同单位时间内的雨流循环次数可以假设为独立同分布的随机变量。对于高周疲劳问题，实际载荷作用时间 t 很长。当 t 趋于无穷大时，样本均值 $\hat{v}_c = \dfrac{1}{t}\sum_{i=1}^{t} v_c^{(i)}$ 可以给出式(6.2)中 $\bar{v}_c$ 的准确估计结果。根据切比雪夫(Chebyshev)定理，对于任意正数 ε 有

$$\lim_{t \to \infty} P(\,|\hat{v}_c - \bar{v}_c| < \varepsilon\,) = 1 \tag{6.3}$$

其中 $P(\cdot)$ 表示发生概率，然后有 $\sum_{i=1}^{t} v_c^{(i)} = M_t \approx E[M_t] = \bar{v}_c t$。因此，在求解高周疲劳问题时，时间 t 内随机载荷总的雨流循环次数 M_t 可以认为是一个常数，完全由随机载荷的 PSD 和持续时间 t 决定。

6.1.2 雨流分布引起的疲劳损伤的随机性

随机载荷的雨流幅值是随机的，它服从所谓的雨流幅值分布。雨流幅值分

布一般与 PSD、高阶统计量等相关。关于雨流幅值分布的理论表达式或解析表达式有很多研究结论[6,14-16]。第 5 章专门研究了非高斯窄带和宽带随机载荷雨流幅值分布问题。这里为了进一步拓展雨流幅值分布的计算方法,提出了基于时域数据的非参数雨流分布拟合方法[13],图 6-1 给出了非参数拟合雨流分布的一个示例。对于平稳随机载荷,雨流计数方法结合线性累积损伤法则,即 Miner 准则,可以给出理想的疲劳损伤估计结果[17]。

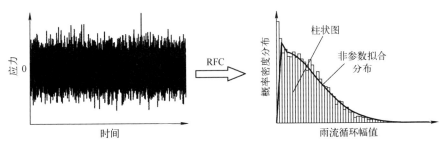

图 6-1　基于随机应力载荷序列的非参数雨流分布拟合

当研究外载荷引起的疲劳特性不确定性时,需要假设结构的疲劳特性是确定的,这里使用中位 S-N 曲线,即对应于失效概率为 50% 的应力-寿命曲线。通常,中位 S-N 曲线表述为

$$NS^b = A \tag{6.4}$$

式中:b 和 A 分别为应力寿命指数和疲劳强度系数;S 为雨流应力幅值;N 为应力水平 S 下的中位寿命。

基于 Miner 准则,时间 t 内的疲劳累积损伤为

$$D(t) = \sum_{i=1}^{M_t} \frac{S_i^b}{A} \tag{6.5}$$

式中:M_t 为在时间 t 内发生的总的雨流循环数;S_i 为第 i 个雨流循环的幅值。基于 6.1.1 节的分析,M_t 可以认为是一个常数。这样雨流幅值的 b 次幂 S^b 的统计特征将决定式(6.5)中疲劳损伤 $D(t)$ 的随机性。不同雨流循环的幅值可以假设为独立同分布的随机变量[15]。因此,雨流疲劳损伤的期望和方差可以表示为

$$\mu_{\mathrm{D}}(t) = \frac{M_t}{A} E[S^b] \tag{6.6}$$

$$\sigma_{\mathrm{D}}^2(t) = \frac{M_t}{A^2} \{ E[S^{2b}] - E^2[S^b] \} \tag{6.7}$$

假设随机载荷的雨流分布为 $f_{\mathrm{RFC}}(S)$(如第 5 章给出的各种理论方法,或图 6-1

所示的非参数拟合方法),疲劳损伤的均值和方差可以表示为

$$\mu_{\mathrm{D}}(t) = \frac{M_t}{A} \int_0^\infty S^b f_{\mathrm{RFC}}(S)\,\mathrm{d}S \qquad (6.8)$$

$$\sigma_{\mathrm{D}}^2(t) = \frac{M_t}{A^2} \left[\int_0^\infty S^{2b} f_{\mathrm{RFC}}(S)\,\mathrm{d}S - \left(\int_0^\infty S^b f_{\mathrm{RFC}}(S)\,\mathrm{d}S \right)^2 \right] \qquad (6.9)$$

从统计角度看,单个雨流循环引起的疲劳损伤是一个随机变量,且假设不同雨流循环相互独立。对于高周疲劳问题,M_t 将会非常大,则基于中心极限定理,总的疲劳损伤 $D(t) = \sum_1^{M_t} \Delta D$ 将服从高斯分布。因此,由外载荷引起的疲劳损伤的随机性可以由下式所示的高斯分布进行描述:

$$f_{\mathrm{D}}(D(t)) = \frac{1}{\sqrt{2\pi}\,\sigma_{\mathrm{D}}(t)} \exp\left\{ -\frac{[D(t) - \mu_{\mathrm{D}}(t)]^2}{2\sigma_{\mathrm{D}}^2(t)} \right\} \qquad (6.10)$$

其中 $\mu_{\mathrm{D}}(t)$ 和 $\sigma_{\mathrm{D}}(t)$ 由式(6.8)和式(6.9)定义,变异系数为 $\varsigma_{\mathrm{D}} = \sigma_{\mathrm{D}}(t)/\mu_{\mathrm{D}}(t)$。式(6.10)所表示的概率分布函数是随时间变化的,它不代表疲劳损伤的全部随机特性,仅反映外载荷所引起的疲劳损伤的不确定性。下面将研究结构或材料内在疲劳特性的随机性。

6.2　P-S-N 曲线估计

前面指出随机疲劳损伤的不确定性可以分为外因和内因。6.1 节中给出了外因的描述方法,本节将研究内因不确定性,即 P-S-N 曲线。当描述结构疲劳特性的不确定性时,需要将外载荷的随机性排除掉,所以一般在定常载荷条件下研究结构的随机疲劳特性。在给定的应力水平下,一般使用对数正态分布描述疲劳特性的随机性[7,18],即

$$f_N(N) = \frac{1}{\sqrt{2\pi}\,\sigma N} \exp\left[-\frac{(\ln N - \ln N_{50\%})^2}{2\sigma^2} \right] \qquad (6.11)$$

式中:N 为应力水平 S 下引起疲劳失效的雨流循环次数;$\ln N_{50\%} = E[\ln N]$ 为中位疲劳寿命的对数;σ 为 $\ln N$ 的标准差。其中 $\ln N$ 服从均值为 $\ln N_{50\%}$,标准差为 σ 的高斯分布,其幅值概率密度函数为

$$f_{LN}(L_N) = \frac{1}{\sqrt{2\pi}\,\sigma} \exp\left[-\frac{(L_N - L_N^{50\%})^2}{2\sigma^2} \right] \qquad (6.12)$$

其中 L_N 表示 $\ln N$,$L_N^{50\%}$ 表示 $\ln N_{50}$。变异系数定义为 $\delta = \sigma/L_N^{50\%}$。

通常 P-S-N 曲线可以由 3 个以上常幅应力水平下的疲劳试验数据拟合得到[10],如图 6-2 所示。示意图中每个应力水平下均使用了很多样本;然而在实

际问题中,为了节省时间和费用,每个应力水平下用 4~6 个样本。许多研究表明同一结构在不同应力幅值下的疲劳寿命的方差是不同的。另外,Shimizu[11]假设不同应力水平下,疲劳寿命的变异系数是相同的,即为一个常数。这一假设得到了一些材料和结构试验结果的验证[11,12]。

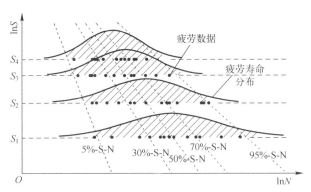

图 6-2 基于对数正态分布的 P-S-N 曲线示意图

设 k_β 为标准正态分布对应于 β 的($0<\beta<1$)下分位数。基于式(5.12),应力水平 S 下对应 β 的疲劳寿命满足:

$$L_N^\beta = L_N^{50\%}(1+k_\beta\delta) \tag{6.13}$$

式(6.13)两边取指数运算得到

$$N_\beta = (N_{50})^{1+k_\beta\delta} \tag{6.14}$$

其中 N_β 表示应力幅值 S 下失效概率为 β 时的疲劳循环次数。根据式(6.4),$N_{50}=A/S^b$,得

$$N_\beta S^{b(1+k_\beta\delta)} = A^{1+k_\beta\delta} \tag{6.15}$$

式(6.15)为基于对数正态分布假设的 P-S-N 曲线的数学表达式。很明显,对应不同失效概率的 S-N 曲线具有相似的表达式。图 6-2 给出了一个 P-S-N 曲线的示意图,50%-S-N 对应中位 S-N 曲线。

6.2.1 基于常幅疲劳试验的 P-S-N 曲线估计方法

传统上,P-S-N 曲线是基于不同应力水平下的常幅疲劳试验数据得到的[19],在每个应力水平下用 2~6 个试验样本[10]。通常,所施加的载荷为常幅正弦应力载荷。大量的试验数据已经证实对数正态分布能够很好地描述常幅值载荷下结构疲劳寿命分布[11,12,18]。基于对数正态分布假设,应力水平 S 下的疲劳寿命 N 的 PDF 为

$$f(N) = \frac{1}{\sqrt{2\pi}\sigma N}\exp\left[-\frac{(\ln N-\mu)^2}{2\sigma^2}\right] \tag{6.16}$$

式中：$\mu = \ln(N_{50})$，N_{50} 为中位寿命；σ 为对数标准差。μ 和 N_{50} 可以由下式求得：

$$\mu = \frac{1}{M} \sum_{j=1}^{M} \ln N_j, \quad N_{50} = \exp(\mu) \tag{6.17}$$

式中：M 为应力水平 S 下的样本数；N_j 为第 j 个观测到的疲劳数据。参数 σ 由下式估计得到

$$\sigma = \left[\frac{1}{M-1} \sum_{j=1}^{M} (\ln N_j - \mu)^2 \right]^{1/2} \tag{6.18}$$

根据 Benasciutti[17] 的结论，计算随机载荷引起的疲劳损伤时，可以假设S-N曲线或 P-S-N 曲线不存在疲劳极限。将 S-N 曲线两边取对数可以表示为

$$\ln N_{50} = -b\ln S + \ln A \tag{6.19}$$

式中：b 为应力寿命指数；A 为疲劳强度系数。根据式(6.17)可以得到在应力水平 S_i 下的中位疲劳寿命 $N_{50,i}$。然后，可以得到应力水平和中位寿命序列 $\{S_i, N_{50,i}\}$，其中 $i = 1, 2, \cdots Q$，Q 为应力水平数，通常取 3～5。将序列 $\{S_i, N_{50,i}\}$ 代入式(6.19)，疲劳参数 b 和 A 可以由最小二乘法拟合得到，这样即可以得到中位 S-N 曲线。

对数变异系数 δ 用来表示给定应力水平下疲劳寿命的分散性。其定义为 $\delta = \sigma/\mu$，其中 μ 和 σ 分别由式(6.17)和式(6.18)定义。根据 Shimizu[11,20] 和 Tosha[12] 的研究，不同应力水平下，参数 δ 可以假设为一个常数。

设 k_n 表示标准正态分布的 $n\%$ 的分位数，然后基于上述假设和分析，在应力水平 S 下对应于失效概率 $n\%$ 的疲劳寿命 N_n 可以表示为

$$N_n = (N_{50})^{1+\delta k_n} = \left(\frac{A}{S^b} \right)^{1+\delta k_n} \tag{6.20}$$

对数变异系数 δ 可以由下式估计得到

$$\delta = \frac{1}{Q} \sum_{i=1}^{Q} \frac{\sigma_i}{\mu_i} \tag{6.21}$$

式中：Q 为应力水平数；μ_i 和 σ_i 分别为应力水平 S_i 下疲劳寿命的对数均值和对数标准差。将估计参数 $\{b, A, \delta\}$ 代入式(6.20)，则 P-S-N 曲线为

$$N_n S^{b(1+\delta k_n)} = A^{1+\delta k_n} \tag{6.22}$$

则对应于失效概率为 $n\%$ 的 S-N 曲线，即 $n\%$-S-N 曲线，应力寿命指数 b_n 和疲劳强度系数 A_n 为

$$b_n = b(1+\delta k_n), \quad A_n = A^{1+\delta k_n} \tag{6.23}$$

传统 P-S-N 曲线估计方法所需要的总的样本量为 $M_{\text{Total}} = \sum_{i=1}^{Q} M_i$，其中 M_i 是第 i 个应力水平下的样本数。疲劳试验需要在 3 个以上应力水平下进行，

这是非常花费时间的。下面将提出一种基于随机载荷疲劳数据的 P-S-N 曲线估计方法。

6.2.2　基于随机载荷试验的 P-S-N 曲线估计方法

6.2.2.1　理论基础

理论上,当疲劳模型确定时,疲劳寿命的随机性由 P-S-N 曲线和外部载荷决定[18]。反过来,随机载荷作用下的疲劳失效数据将包含 P-S-N 曲线的相关信息。因此,在随机载荷可以准确描述的情况下,通过随机载荷疲劳数据估计 P-S-N 曲线是可行的。这是基于 P-S-N 曲线来求疲劳寿命分布问题的逆问题。下面假设结构在随机载荷下的疲劳寿命服从对数正态分布,提出了基于随机载荷疲劳寿命的 P-S-N 曲线估计方法。

得到随机载荷疲劳试验数据以后,基于对数正态分布假设求疲劳寿命的 $n\%$ 的分位数 N_n。Liu[18] 指出对数正态分布或韦布尔分布可以用来描述随机载荷引起的疲劳寿命分布,这里采用对数正态分布进行分析。基于 P-S-N 曲线的定义和 Miner 准则,可以得到关于疲劳分位数 N_n 的如下等式:

$$\frac{N_n}{A_n}\int_0^\infty f_{\mathrm{RFC}}(S)S^{b_n}\mathrm{d}S = \frac{N_n}{A^{1+\delta k_n}}\int_0^\infty f_{\mathrm{RFC}}(S)S^{b(1+\delta k_n)}\mathrm{d}S = 1 \qquad (6.24)$$

式中:$f_{\mathrm{RFC}}(S)$ 为随机载荷雨流幅值分布,可以通过第 5 章中的解析方法或非参数方法[13] 得到。

6.2.2.2　P-S-N 曲线参数估计

将随机载荷疲劳寿命序列表示为 $\{N_j\}$,$j=1,2,\cdots,M_R$,M_R 是试验样本量。对应于 $n\%$ 的疲劳寿命分位数 N_n 可以由估计的对数正态分布得到[20]。雨流幅值分布 $f_{\mathrm{RFC}}(S)$ 可由经验分布或解析公式计算得到[14,16,21,22]。将 N_n 和 $f_{\mathrm{RFC}}(S)$ 代入式(6.24),则有 3 个未知数 $\{b,A,\delta\}$,需要一个三元方程组即可以求解未知参数 $\{b,A,\delta\}$。假设 $n_1\%$、$n_2\%$ 和 $n_3\%$ 代表 3 个不同的失效概率,对应的疲劳寿命分别为 N_{n1}、N_{n2} 和 N_{n3}。进一步,设在标准正态分布中 $n_1\%$、$n_2\%$ 和 $n_3\%$ 的分位点为 k_{n1}、k_{n2} 和 k_{n3}。将 (N_{n1},k_{n1}),(N_{n2},k_{n2}) 和 (N_{n3},k_{n3}) 分别代入式(6.24)得

$$\begin{cases} \dfrac{N_{n1}}{A^{1+\delta k_{n1}}}\int_0^\infty f_{\mathrm{RFC}}(S)S^{b(1+\delta k_{n1})}\mathrm{d}S = 1 \\[2mm] \dfrac{N_{n2}}{A^{1+\delta k_{n2}}}\int_0^\infty f_{\mathrm{RFC}}(S)S^{b(1+\delta k_{n2})}\mathrm{d}S = 1 \\[2mm] \dfrac{N_{n3}}{A^{1+\delta k_{n3}}}\int_0^\infty f_{\mathrm{RFC}}(S)S^{b(1+\delta k_{n3})}\mathrm{d}S = 1 \end{cases} \qquad (6.25)$$

式(6.25)为非线性三元积分方程组,难以求解。而且式(6.25)只利用了 $n_1\%$、$n_2\%$ 和 $n_3\%$ 3 个分位数的失效信息,浪费了大量的失效信息。事实上,疲劳失效概率 $n_i\%$ 可以在区间 $(0,1)$ 内任意取值。因此可以建立一个关于参数 $\{b,A,\delta\}$ 的超定方程组。进一步将连续雨流幅值分布函数离散为 $P(S_i)=f_{\mathrm{RFC}}(S_i)\Delta S$,其中 ΔS 是离散化间距。基于式(6.25)和上述分析,关于参数 $\{b,A,\delta\}$ 的超定方程组可以表示为

$$\begin{cases} P(S_1)\dfrac{S_1^{b(1+\delta k_{n1})}}{A^{1+\delta k_{n1}}}+P(S_2)\dfrac{S_2^{b(1+\delta k_{n1})}}{A^{1+\delta k_{n1}}}+\cdots+P(S_q)\dfrac{S_q^{b(1+\delta k_{n1})}}{A^{1+\delta k_{n1}}}=\dfrac{1}{N_{n1}} \\[3mm] P(S_1)\dfrac{S_1^{b(1+\delta k_{n2})}}{A^{1+\delta k_{n2}}}+P(S_2)\dfrac{S_2^{b(1+\delta k_{n2})}}{A^{1+\delta k_{n2}}}+\cdots+P(S_q)\dfrac{S_q^{b(1+\delta k_{n2})}}{A^{1+\delta k_{n2}}}=\dfrac{1}{N_{n2}} \\[3mm] \qquad\qquad\qquad\qquad\qquad\vdots \\[2mm] P(S_1)\dfrac{S_1^{b(1+\delta k_{nr})}}{A^{1+\delta k_{nr}}}+P(S_2)\dfrac{S_2^{b(1+\delta k_{nr})}}{A^{1+\delta k_{nr}}}+\cdots+P(S_q)\dfrac{S_q^{b(1+\delta k_{nr})}}{A^{1+\delta k_{nr}}}=\dfrac{1}{N_{nr}} \end{cases} \tag{6.26}$$

等式(6.26)可以表示为矩阵的形式:

$$\boldsymbol{\Phi P}=\boldsymbol{\Theta} \tag{6.27}$$

其中 $\boldsymbol{\Phi}$ 为 $r\times q$ 的矩阵,$\boldsymbol{\Phi}(i,j)=S_j^{b(1+\delta k_{ni})}/A^{1+\delta k_{ni}}$,$\boldsymbol{P}=[p(S_1),p(S_2),\cdots,p(S_q)]^{\mathrm{T}}$,$\boldsymbol{\Theta}=[1/N_{n1},1/N_{n2},\cdots,1/N_{nr}]^{\mathrm{T}}$,上标"T"表示转置。参数 r 为对应于不同失效概率的分位点数,q 为雨流应力幅值离散化的数量。

理论上,只要 $r\geqslant3,q\geqslant1$ 就可以由式(6.26)求解得到参数 $\{b,A,\delta\}$。但为了充分利用失效数据,需要根据式(6.26)所定义的超定方程组($r>3,q>1$)建立一个优化模型。参数 $\{b,A,\delta\}$ 的估计精度对 r 和 q 的大小十分敏感,较小的 r 和 q 值会引起较大的估计误差;过大的取值会导致优化模型难以求解。这里建议 r 取值为 9,失效概率序列 $\{n_i\%\}$ 为 $\{10\%,20\%,\cdots,90\%\}$,$q$ 取值为 10,这样 $\boldsymbol{\Phi}$ 为一个 9×10 的矩阵,式(6.27)为一个超定方程组。使用优化算法来求解该问题。在最小均方误差意义下,优化目标函数可以表示为

$$G=\sum_{i=1}^{r}\left(\gamma_i(b,A,\delta)-\frac{1}{N_{ni}}\right)^2 \tag{6.28}$$

其中 $\gamma_i(b,A,\delta)=P(S_1)\dfrac{S_1^{b(1+\delta k_{ni})}}{A^{1+\delta k_{ni}}}+P(S_2)\dfrac{S_2^{b(1+\delta k_{ni})}}{A^{1+\delta k_{ni}}}+\cdots+P(S_q)\dfrac{S_q^{b(1+\delta k_{ni})}}{A^{1+\delta k_{ni}}}$,$i=1,2,\cdots,q$。

由式(6.28)确定的非线性优化模型可以利用数值算法进行求解。对于实际问题,疲劳失效载荷数 N_n 会非常大,其倒数 $1/N_n$ 将接近于 0。这对计算机数值求

解是非常不利的,因为计算机的精度和数值算法的计算容差是有限的,而且与 $1/N_n$ 的数量级接近,这样将会容易得到错误的优化结果。因此,提出了与式(6.28)等价的优化目标函数:

$$G_{OP} = \sum_{i=1}^{r} \left(\frac{1}{\gamma_i(b,A,\delta)} - N_{ni} \right)^2 \tag{6.29}$$

式(6.28)和式(6.29)所表示的目标函数在数学上是等价的,但是后者更适合于计算机程序求解。

对于优化问题求解,初始条件是非常重要的。通常,对于金属材料疲劳参数 $b>1$,$A>10^5$,$0<\delta<1$。基于此,确定优化模型的约束条件为

$$\begin{cases} 1 \leqslant b \\ 10^5 \leqslant A \\ 0 < \delta < 1 \end{cases} \tag{6.30}$$

式(6.30)所确定的约束条件符合绝大多数金属材料或结构的疲劳特性。在满足约束条件的前提下,求解的参数应该满足:

$$\{b_{OP}, A_{OP}, \delta_{OP}\} = \{b, A, \delta \mid \min(G_{OP})\} \tag{6.31}$$

该类优化问题可以通过约束非线性最小化方法进行求解,如 Nelder-Mead Simplex 方法[23]。Matlab 函数"fmincon"和"fminsearch"包含了上述优化算法,可以有效地求解由式(6.30)和式(6.31)确定的优化问题。

6.2.2.3　P-S-N 曲线估计示例

为了验证基于随机疲劳数据的 P-S-N 曲线估计方法的有效性,设计图 6-3 所示的缺口悬臂梁,材料为 Al2024-T3,力学特性如表 6-1 所列。悬臂梁的自由端安装一个质量块,如图 6-4 所示,质量块及其固定螺母的重量为 0.8158N。由于试验是在垂直方向进行的,因此需要考虑由重力引起的平均应力。基于有限元分析,重力引起的悬臂梁固定端平均应力为 79.8 MPa,采用 Goodman 公式来对平均应力进行修正[19]。首先开展预试验来确定结构疲劳断裂位置,如图 6-4 所示,位于悬臂梁的固定端,在疲劳试验过程中将应变片贴于该位置。横向弯曲疲劳试验在电磁振动台上进行。进行常幅疲劳试验时加载固定幅值和频率的正弦振动,进行随机载荷疲劳试验时,加载给定 PSD 的高斯随机振动。利用动态应变仪记录应变信号。常幅值载荷下的疲劳数据用于传统的 P-S-N 曲线估计方法。随机载荷疲劳数据用于新提出的 P-S-N 曲线估计方法。

表 6-1　Al2024-T3 的力学特性

弹性模量/GPa	泊松比	极限应力/MPa	密度/(kg/m³)
68	0.33	438	2770

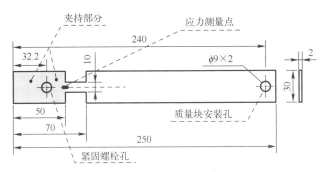

图 6-3　疲劳试验样本(单位:mm)

图 6-4　疲劳试验样本断裂位置

1. 常幅疲劳试验及结果

基于文献[10]给出的准则,确定应力水平数 $Q=3$。Lee 和 Pan 等人指出利用传统方法估计 P-S-N 曲线时,需要 12~24 个样本,并规定了函数 P_R(Percent Replication)来约束疲劳试验样本量[19]。P_R 是应力水平数 Q 和总样本量 M_{Total} $= \sum_{i=1}^{Q} M_i$ 的函数,即

$$P_R = 100(1 - Q/M_{Total}) \qquad (6.32)$$

通常在可靠性工程领域,要求 P_R 的取值范围为 75~80[19]。本示例中取 $Q=3$,每个应力水平下的样本数为 $M_i = 5$,得 $P_R = 80$,满足要求。常幅疲劳试验通过正弦基础激励施加载荷,通过控制加载频率和幅值来控制应力水平。正弦常幅值载荷疲劳试验样本在振动台上的布局如图 6-5 所示。

经 Goodman 公式修正以后,各个应力水平下的疲劳试验数据如表 6-2 所列。从表 6-2 中可以提取应力水平和对数均值序列 $\{(S_i, \mu_i)\}, i = 1,2,3$。之后,基于式(6.17),可以得到应力水平和中位疲劳寿命序列 $\{(S_i, N_{50,i})\}$,

$\{(181,444942),(263,45093),(395,3165)\}$，然后基于最小二乘拟合，式(6.19)定义的中位 S-N 曲线为

$$N_{50}S^{6.34}=9.4016\times10^{19} \tag{6.33}$$

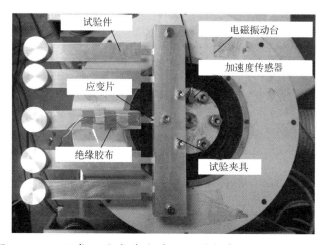

图 6-5 正弦常幅值载荷疲劳试验样本在振动台上的布局

表 6-2 常幅疲劳试验数据和 P-S-N 曲线参数

应力水平 /MPa	疲劳寿命 N	对数均值 μ	对数标准差 σ	对数变异系数 δ
181	336500,390020,441240,485220,620500	13.006	0.2311	0.0178
263	36500,40800,45920,47200,57780	10.716	0.1722	0.0161
395	2325,2880,3300,3750,3835	8.0600	0.2070	0.0257

式(6.33)给出的 Al2024-T3 悬臂梁的 S-N 曲线与式(4.33)中给出的 Al2024-T3 标准试验件的 S-N 曲线存在差别，这种差别是由几何尺寸、加载方式、表面状态和估计误差等因素导致的。进一步，在表 6-2 的最后一列，可以看到各应力水平下疲劳寿命对数变异系数的差别不大。这说明 Shimizu 提出的假设[11]是合理的。将表 6-2 中的数据代入式(6.21)，得到对数变异系数的估计结果为 $\delta=0.02$。将对数变异系数 δ 和式(6.33)代入式(6.22)，得到基于常规方法的 P-S-N 曲线估计结果为

$$N_nS^{6.34(1+0.02k_n)}=(9.4016\times10^{19})^{1+0.02k_n} \tag{6.34}$$

2. 随机疲劳试验及结果

随机载荷疲劳试验布局与常幅载荷疲劳试验布局相似，但每次使用两套夹具，8 个样本同时进行试验，如图 6-6 所示。随机载荷疲劳试验通过在振动台

施加随机激励来进行。输入激励的样本时间序列和 PSD 分别如图 6-7(a)、(b)所示。

图 6-6　随机载荷疲劳试验布局

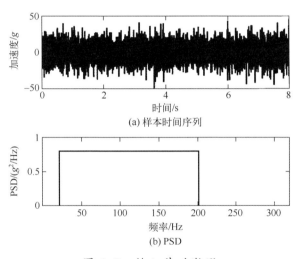

(a) 样本时间序列

(b) PSD

图 6-7　输入基础激励

悬臂梁固定端随机应力响应时间序列及其 PSD 分别如图 6-8(a)、(b)所示。

由于应力均值并不影响雨流计数过程,因此用 WAFO 工具箱[24]对初始应力信号进行雨流计数,得到雨流计数结果如图 6-9 所示。

之后,用 Goodman 公式将非零均值的雨流循环转换为零均值的雨流循环。修正后的零均值雨流循环幅值概率密度分布柱状图如图 6-10 所示。

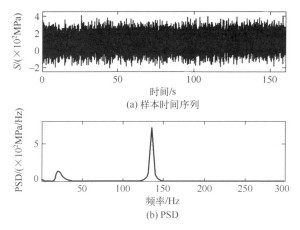

(a) 样本时间序列

(b) PSD

图 6-8 悬臂梁固定端应力响应

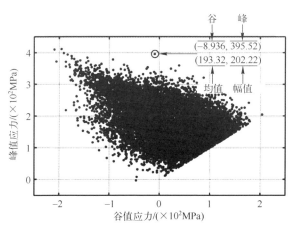

图 6-9 实测 162s 应力序列的雨流计数结果

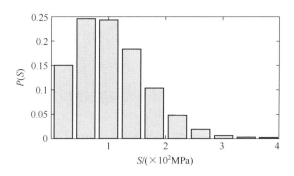

图 6-10 修正后的零均值雨流循环幅值概率密度分布柱状图

随机载荷疲劳失效结果如表 6-3 所列。随机载荷疲劳寿命分布参数为 $\mu_R = 12.3944, \sigma_R = 0.0683$，则寿命分布函数为

$$f(N) = \frac{1}{0.0683\sqrt{2\pi}N}\exp\left[-\frac{(\ln N - 12.3944)^2}{0.0093}\right] \tag{6.35}$$

基于式(6.35)可以得到对应于失效概率 $\{10\%, 20\%, \cdots, 90\%\}$ 的疲劳寿命，如表 6-3 所列。

表 6-3　随机载荷疲劳数据与疲劳寿命分位数

疲劳寿命 N	疲劳寿命分位数 $\{N_{10}, N_{20}, N_{30}, N_{40}, N_{50}, N_{60}, N_{70}, N_{80}, N_{90}\}$
210845, 234454, 235273, 240186, 246873, 248374, 254242, 265195	$\{221210, 227958, 232951, 237304, 241446, 245660, 2502502, 255731, 263531\}$

将图 6-10 和表 6-3 中的数据代入由式(6.30)和式(6.31)定义的优化模型，用 Matlab 非线性优化函数进行求解，得到参数 $\{b, A, \delta\}$ 的估计结果：

$$\{b_{OP}, A_{OP}, \delta_{OP}\} = \{18.43, 1.345 \times 10^{50}, 0.05\} \tag{6.36}$$

这样基于随机疲劳试验数据的 P-S-N 曲线可以表示为

$$N_n S^{18.34(1+0.05k_n)} = (1.345 \times 10^{50})^{1+0.05k_n} \tag{6.37}$$

很明显，式(6.37)中的 P-S-N 曲线参数与式(6.34)中的参数不同。下面将深入分析存在这种差异的原因。

3. 对比分析

对比式(6.34)、式(5.37)，常幅疲劳试验得到的 P-S-N 曲线参数为 $\{b, A, \delta\} = \{6.34, 9.4016 \times 10^{19}, 0.02\}$，而随机疲劳试验得到的估计参数为 $\{b, A, \delta\} = \{18.34, 1.345 \times 10^{50}, 0.05\}$。可以看出，两种结果的差别明显。然而，对于随机疲劳试验结果，较大的应力寿命指数 b 对应于较大的疲劳强度系数 A，这将缩小两种 P-S-N 曲线的差别，比较结果如图 6-11 所示。

总体上，两种结果的差异主要归咎于以下 3 个因素：①较小的样本量不足以得到稳定的估计值；②机械疲劳问题本身的随机性；③常幅加载方式和随机载荷加载方式的不同。对于第一个因素，在常幅疲劳试验中，每个应力水平下的样本量为 5，总的样本数为 15。对于随机疲劳试验，样本量为 8，样本量相对较小。客观来说，第二个因素是不可避免的，两组完全相同的样本在相同的条件下进行疲劳试验，仍不可能得到完全相同的 P-S-N 曲线估计结果。对于第三个因素，常幅值疲劳试验在单一应力水平下进行，而随机载荷试验在变幅值载荷下进行。在施加变幅值载荷时，具有不同幅值和均值的载荷循环相互作用，使结构的失效机理与常幅载荷疲劳机理存在差异。总体上，基于随机载荷

疲劳数据的 P-S-N 曲线更适于估计工程领域中随机载荷下结构的疲劳寿命分布和疲劳可靠性。基于随机载荷疲劳失效数据的 P-S-N 曲线估计方法的优势在于其相比传统方法需要更少的试验样本和时间。本示例中,传统方法使用 15 个样本,而基于随机载荷疲劳数据的方法使用 8 个样本。进一步,常幅疲劳试验总共花费的试验时间为 9.5175h,而随机载荷疲劳试验的总试验时间为 0.5397h,不到前者的 6%。

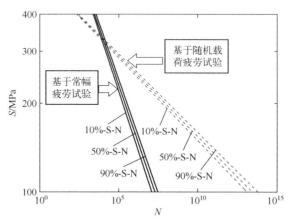

图 6-11　常幅载荷试验 P-S-N 曲线与随机载荷试验 P-S-N 曲线

6.3　随机载荷作用下结构疲劳可靠性分析

前面两节分别研究了外载荷的不确定性(外因)和结构疲劳特性的随机性(内因)的定量描述方法。在此基础上,本节提出了结构在随机载荷作用下的疲劳可靠度期望与置信区间的估计方法。

6.3.1　疲劳可靠度期望

首先基于 Miner 准则,假设临界疲劳损伤 $D_{CR}=1$。疲劳损伤均值 $\mu_D(t)$ 由中位 S-N 曲线计算得到。根据中位 S-N 曲线的定义,当平均累积损伤 $\mu_D(t)=1$ 时意味着在时刻 t 的可靠度 $R(t)=0.5$。但大多数情况下,$\mu_D(t)$ 不等于 1,不能直接找到可靠度对应结果。这个问题可以分为以下 3 种情况来处理。

情况 1: $\mu_D(t)=1$,表示 $R(t)=0.5$。

情况 2: $\mu_D(t)<1$,表示 $R(t)>0.5$。参考 P-S-N 曲线的定义,这种情况下在中位 S-N 曲线(图 6.2)的左侧存在一条 β-S-N 曲线($\beta<50\%$),满足 $\mu_D^\beta(t)=1$,其中 $\mu_D^\beta(t)$ 是基于 β-S-N 曲线的疲劳损伤结果。这时疲劳可靠度为 $R(t)=1-\beta$。

情况 3：$\mu_D(t)>1$，表示 $R(t)<0.5$。与情况 2 相反，在中位 S-N 曲线的右侧存在一条 β-S-N 曲线（$\beta>50\%$），满足 $\mu_D^\beta(t)=1$。这时疲劳可靠度为 $R(t)=1-\beta$。

对于情况 1，可以直接得到可靠度结果。但是对于情况 2 和情况 3，需要一种方法来确定参数 β。根据式（6.8）和式（6.15），基于中位 S-N 曲线和 β-S-N 曲线的疲劳寿命期望为

$$\begin{cases} \mu_D(t) = \dfrac{M_t}{A} \displaystyle\int_0^\infty S^b f_{\text{RFC}}(S)\,\mathrm{d}S \\[3mm] \mu_D^\beta(t) = \dfrac{M_t}{A^{1+\delta k_\beta}} \displaystyle\int_0^\infty S^{b(1+\delta k_\beta)} f_{\text{RFC}}(S)\,\mathrm{d}S \end{cases} \tag{6.38}$$

由式（6.38）可以发现很难通过直接的数学计算确定参数 β。可以通过搜寻算法找到合适的 β，具体算法流程如图 6-12 所示。

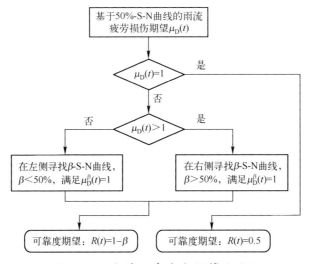

图 6-12　疲劳可靠度期望算法流程

6.3.2　疲劳可靠度置信区间

当中位 S-N 曲线确定时，由外载荷引起的疲劳损伤的不确定性由式（6.10）确定的正态分布函数进行表示。因此，疲劳损伤的 $1-2\alpha$ 的置信区间可以表示为

$$[D_\alpha(t), D_{1-\alpha}(t)] = [\mu_D(t)+k_\alpha \sigma_D(t), \mu_D(t)+k_{1-\alpha}\sigma_D(t)] \tag{6.39}$$

其中 $\mu_D(t)$ 和 $\sigma_D(t)$ 由式（6.8）和式（6.9）定义；k_α 和 $k_{1-\alpha}$ 分别为标准正态分布的 α 和 $1-\alpha$ 分位数。我们并不能由式（6.39）直接得到疲劳可靠度的 $1-2\alpha$ 的置信区间。

疲劳累积损伤的置信下限 $D_\alpha(t)$ 和置信上限 $D_{1-\alpha}(t)$ 分别对应于疲劳可

靠度的置信上限 $R_{1-\alpha}(t)$ 和置信下限 $R_{\alpha}(t)$。以疲劳可靠度置信上限 $R_{1-\alpha}(t)$ 为例，不存在 $D_{\alpha}(t)$ 到 $D_{\alpha}^{\beta_1}(t)=1$ 的直接转换关系。所以，需要间接地解决这个问题。假设对于 β_1-S-N 曲线，$D_{\alpha}^{\beta_1}(t)=1$，则基于 β_1-S-N 的疲劳损伤期望 $\mu_D^{\beta_1}(t)$ 为

$$\mu_D^{\beta_1}(t)=1/(1+k_{\alpha}\varsigma_D^{\beta_1}(t))$$

其中 $\varsigma_D^{\beta_1}=\sigma_D^{\beta_1}/\mu_D^{\beta_1}$ 由公式（6.10）定义。因此可以根据以下情况确定 $R_{1-\alpha}(t)$ 的计算方法。

情况 1：$D_{\alpha}(t)=1$，表示 $R_{1-\alpha}(t)=0.5$。

情况 2：$D_{\alpha}(t)<1$，在中位 S-N 曲线的左侧寻找 β_1-S-N 曲线满足 $\mu_D^{\beta_1}(t)=1/(1+k_{\alpha}\zeta_D^{\beta_1}(t))$，则可靠度上限为 $R_{1-\alpha}(t)=1-\beta_1$。

情况 3：$D_{\alpha}(t)>1$，在中位 S-N 曲线的右侧寻找 β_1-S-N 曲线满足 $\mu_D^{\beta_1}=1/(1+k_{\alpha}\varsigma_D^{\beta_1}(t))$，则可靠度上限为 $R_{1-\alpha}(t)=1-\beta_1$。

疲劳可靠度置信下限 $R_{\alpha}(t)$ 计算方法类似，这里不再列出。假设其目标失效概率 S-N 曲线为 β_2-S-N，则置信下限表示为 $R_{\alpha}(t)=1-\beta_2$。最终疲劳可靠度的 $1-2\alpha$ 置信区间为

$$[R_{\alpha}(t),R_{1-\alpha}(t)]=[1-\beta_2,1-\beta_1] \tag{6.40}$$

具体计算流程如图 6-13 所示。

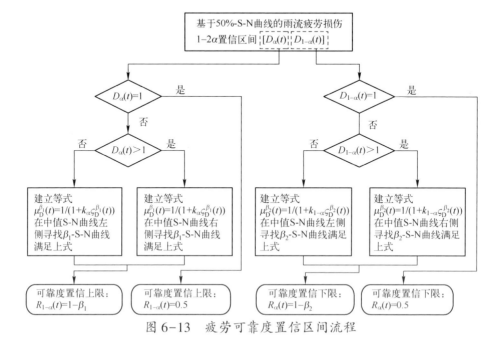

图 6-13　疲劳可靠度置信区间流程

6.4　示　　例

这里给出了一个数值示例来验证 6.3 节中疲劳可靠度期望和置信区间估计方法的有效性。假设结构 P–S–N 曲线的表达式为

$$N_\beta S^{4(1+0.1k\beta)} = (2.5 \times 10^{14})^{1+0.1k\beta} \tag{6.41}$$

可以看到参数 $b=4$，$A=2.5 \times 10^{14}$，$\delta=0.1$。随机载荷如图 6-14 所示，为 RMS = 120MPa 的零均值高斯过程，样本时间序列和 PSD 分别如图 6-14(a)、(b) 所示。PSD 用来计算雨流发生率 $\bar{v}_c$（式（6.2））。采用蒙特卡罗仿真方法产生了大量随机载荷样本序列，基于 Bootstrap 方法计算可靠度均值和置信区间，并与图 6-12 和图 6-13 所示搜寻算法的计算结果进行对比分析。

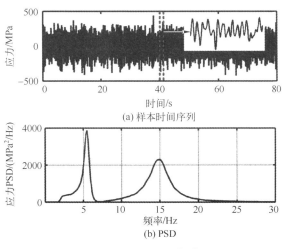

(a) 样本时间序列

(b) PSD

图 6-14　随机载荷

6.4.1　基于蒙特卡罗仿真的疲劳可靠度估计

如图 6-14(b) 所示，当 PSD 给定时可以基于标准高斯随机过程生成方法[25] 产生大量样本时间序列。这里仿真生成 5000 个样本序列，并采用雨流计数法对每个样本进行雨流计数。对于每个样本序列，从式（6.41）所表示的 P–S–N 曲线中依概率分布特性随机选取一条 β–S–N 曲线来计算随机疲劳损伤。当 $t=500$s 时，对应于 5000 个样本时间序列的疲劳损伤结果如图 6-15 所示。

很明显，不同时间序列对应的疲劳损伤差别很大。假设临界疲劳损伤 $D_{cr}=1$，则对于第 i 个观测疲劳损伤如果 $D_i>1$，则发生失效。假设 t 时刻的失效数为 $\ell(t)$，则基于蒙特卡罗仿真的疲劳可靠度观测结果为

$$R_{\mathrm{MC}}(t) = 1 - \frac{\ell(t)}{5000} \qquad (6.42)$$

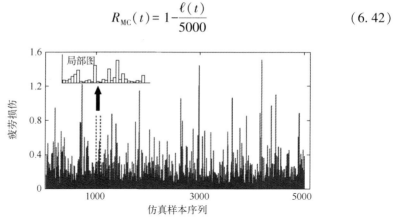

图 6-15　基于蒙特卡罗仿真的疲劳损伤结果($t = 500\mathrm{s}$)

　　式(6.42)给出的观测结果基于单一疲劳损伤序列,它不能反映疲劳可靠度的不确定性。为了提高估计精度并给出疲劳可靠度不确定性的描述,引入 Bootstrap 方法[26]。Boostrap 重复样本量为 10000,远远大于最低经验要求值 200[26]。基于 Bootstrap 方法的疲劳可靠度期望和98%的置信区间如图 6-16(a)所示,在可靠度水平较低时,可以分辨对应于 $R_{\mathrm{B}}(t)$ 和 $[R_{\mathrm{B}(0.01)}(t), R_{\mathrm{B}(0.99)}(t)]$ 的曲线。然而,对于更高的可靠度范围,这种差别难以分辨,而通常最关注的就是较高的可靠度范围。因此,这里引入失效概率 $F(t) = 1 - R(t)$ (图 6-16(b))来间接地表示较高的可靠度范围的情况。较小的失效概率范围对应于图 6-16(a)中较高的可靠度范围。

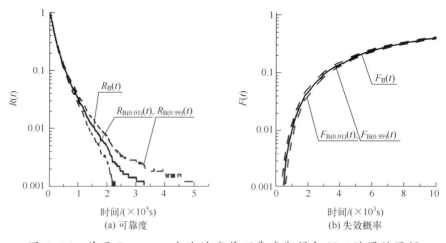

图 6-16　基于 Bootstrap 方法的疲劳可靠度期望和98%的置信区间

6.4.2　基于理论方法的疲劳可靠度估计

首先,基于图 6-14(a) 所示的应力时间序列得到了雨流幅值分布函数,如图 6-17 所示,可以看到非参数拟合分布可以很好地描述雨流幅值分布规律。它能够给出较大雨流幅值分布范围的平滑估计结果,而这些较大的雨流幅值将主导疲劳失效过程。基于图 6-12 和图 6-13 确定的搜寻算法得到的疲劳可靠度期望和置信区间如图 6-18(a) 所示,同时给出了与 Bootstrap 方法的对比结果。相比较而言理论方法能够给出更加稳定的估计结果。通常,关注的可靠度范围为 $0.5 \leqslant R(t) \leqslant 1$,通过图 6-18(a) 中的局部放大图可以看出在该范围内,理论结果与 Bootstrap 结果的一致性很好。为了进一步展示在高可靠度范围的一致性,两种方法对应的失效概率函数曲线如图 6-18(b) 所示。可以看到理论方法的计算结果在高可靠度范围与 Bootstrap 结果有很好的一致性。

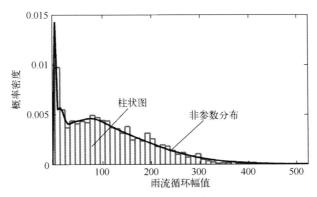

图 6-17　雨流分布柱状图及非参数雨流分布函数

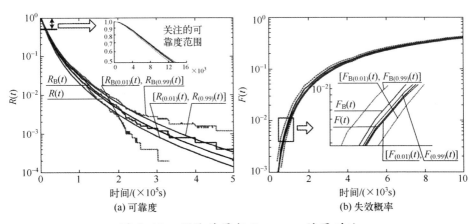

(a) 可靠度　　　(b) 失效概率

图 6-18　理论结果与 Bootstrap 结果对比

从图 6-18(a)中可以看出 Bootstrap 结果在小于 10^{-3} 的数量级时,其可靠度均值和置信限所对应的函数曲线波动严重。这主要是由于在该数量级,重复样本为 10000 的 Bootstrap 方法不能给出十分稳定的估计结果,但是理论方法却可以给出相对稳定的估计结果。

6.4.3 结果分析

6.4.1 和 6.4.2 节分别给出了基于蒙特卡罗仿真和理论方法的疲劳可靠度计算结果,图 6-18(a)、(b)中给出了定性对比,本节进一步将对两种计算结果进行定量对比。在示例分析中,无论是蒙特卡罗仿真还是 Bootstrap 重抽样都采样了非常大的样本量,所以将蒙特卡罗仿真和 Bootstrap 方法的计算结果设为参考值,判断理论方法的计算精度。同时,这里定义可靠度置信区间宽度系数 $\vartheta(t)$ 来度量疲劳可靠度的不确定性,即

$$\vartheta(t) = \frac{R_{1-\alpha}(t) - R_{\alpha}(t)}{R(t)} \tag{6.43}$$

式中:$R_{\alpha}(t)$ 和 $R_{1-\alpha}(t)$ 分别为疲劳可靠度 $1-2\alpha$ 置信区间的置信下限和置信上限;$R(t)$ 为疲劳可靠度期望。

表 6-4 中给出了一些具有代表性的时间点的疲劳可靠度。第 2 列给出了 Bootstrap 方法的疲劳可靠度期望,第 3 列为基于 Bootstrap 方法置信度为 98% 的疲劳可靠度置信区间,第 4 列给出了式(6.43)定义的置信区间宽度系数,第 5 列为理论方法的疲劳可靠度期望值,括号内的数据为相对 Bootstrap 方法计算结果的偏差,第 6 列为理论方法置信度为 98% 的疲劳可靠度置信区间。

表 6-4 疲劳可靠度期望和 98% 的置信区间

时间/s	蒙特卡罗			理论方法	
	R_{B}	$[R_{\mathrm{B}(0.01)}, R_{\mathrm{B}(0.99)}]$	ϑ	R	$[R_{0.01}, R_{0.99}]$
500	0.9983	$[0.9968, 0.9994]$	0.0026	0.9836 (-1.47%)	$[0.9826, 0.9846]$
3000	0.9049	$[0.8950, 0.9146]$	0.0217	0.9017 (-0.35%)	$[0.8958, 0.9079]$
5000	0.8070	$[0.7940, 0.8196]$	0.0317	0.8361 (3.61%)	$[0.8263, 0.8465]$
7500	0.6926	$[0.6773, 0.7074]$	0.0435	0.7542 (8.89%)	$[0.7394, 0.7697]$
10000	0.5934	$[0.5772, 0.6098]$	0.0549	0.6723 (13.30%)	$[0.6525, 0.6930]$
13000	0.5011	$[0.4850, 0.5168]$	0.0435	0.5740 (14.55%)	$[0.5483, 0.6008]$
17000	0.4048	$[0.3886, 0.4210]$	0.0800	0.4429 (9.41%)	$[0.4093, 0.4780]$
23000	0.3004	$[0.2858, 0.3152]$	0.0979	0.3146 (4.73%)	$[0.2774, 0.3541]$
33000	0.2001	$[0.1870, 0.2132]$	0.1309	0.2146 (7.25%)	$[0.1854, 0.2479]$
54000	0.0982	$[0.0882, 0.1082]$	0.2037	0.0948 (-3.46%)	$[0.0779, 0.1163]$

对于疲劳可靠度期望,理论计算结果与 Bootstrap 结果的最大偏差为 14.55%,发生在 $t=13000$s 时。另外,相对于 Bootstrap 结果,理论方法的置信区间估计结果是可以接受的。对于置信度为 98% 的疲劳可靠度的置信上限和置信下限,最大相对偏差分别为 13.05% 和 16.28%。这些计算误差一定程度上归咎于 Bootstrap 估计结果本身的不稳定性。另外,从表6-4 的第 4 列中参数 $\vartheta(t)$ 的变化趋势可以看出,疲劳可靠度的不确定性随着可靠度期望的减小而增大。

参考文献

[1] Smith C L,Chang J H,Rogers M H. Fatigue reliability analysis of dynamic components with variable loadings without Monte Carlo simulation[C]//Proceedings of the American Helicopter Society 63rd Annual Forum,2007.

[2] Anoop M B,Prabhu G,Rao K B. Probabilistic analysis of shear fatigue life of steel plate girders using a fracture mechanics approach[J]. Proceedings of the Institution of Mechanical Engineers Part O Journal of Risk & Reliability,2011,225(4):389−398.

[3] Szerszen M M,Nowak A S,Laman J A. Fatigue reliability of steel bridges[J]. Journal of Constructional Steel Research,1999,52(1):83−92.

[4] Thies P R,Johanning L,Smith G H. Assessing mechanical loading regimes and fatigue life of marine power cables in marine energy applications[J]. Proceedings of the Institution of Mechanical Engineers Part O Journal of Risk & Reliability,2011,226(1):18−32.

[5] Svensson T. Prediction uncertainties at variable amplitude fatigue[J]. International Journal of Fatigue,1997,19(93):295−302.

[6] Johannesson P. Rainflow Analysis of Switching Markov Loads[D]. Lund:Lund University,1999.

[7] Kihl D P,Sarkani S,Beach J E. Stochastic fatigue damage accumulation under broadband loadings[J]. International Journal of Fatigue,1995,17(5):321−329.

[8] Rambabu D V,Ranganath V R,Ramamurty U,et al. Variable Stress Ratio in Cumulative Fatigue Damage:Experiments and Comparison of Three Models[J]. Proc I Mech E Part C:Journal of Mechanical Engineering Science,2010,224:271−282.

[9] Zheng X,Wei J. On the Prediction of P−S−N curves of 45 Steel Notched Elements and Probability Distribution of Fatigue Life under Variable Amplitude Loading from Tensile Properties [J]. International Journal of Fatigue,2005,27:601−609.

[10] Ling J,Pan J. A Maximum Likelihood Method for Estimating P−S−N Curves[J]. International Journal of Fatigue,1997,19(5):415−419.

[11] Shimizu S,Tosha K,Tsuchiya K. New Data Analysis of Probabilistic Stress−Life (P−S−N) Curve and Its Application for Structural Materials[J]. International Journal of Fatigue,2010,32:565−575.

［12］ Tosha K,Ueda D,Shimoda H,et al. A Study on P-S-N Curve for Rotating Bending Fatigue Test for Bearing Steel［J］. Tribology Transactions,2008,51(2):166-172.

［13］ Bowman A W,Azzalini A. Applied Smoothing Techniques for Data Analysis-the Kernel Approach with S-Plus Illustrations［M］. Oxford:Oxford Science Publications,1997.

［14］ Dirlik T. Application of Computers in Fatigue Analysis［D］. Coventry:The University of Warwick,1985.

［15］ Bishop N W M. The Use of Frequency Domain Parameters to Predict Structural Fatigue［D］. Coventry:University of Warwich,1988.

［16］ Tovo R. Cycle distribution and fatigue damage under broad-band random loading［J］. International Journal of Fatigue,2002,24(11):1137-1147.

［17］ Benasciutti D. Fatigue Analysis of Random Loadings［D］. Ferrara:University of Ferrara,2004.

［18］ Liu Y. Stochastic Modeling of Multiaxial Fatigue and Fracture［D］. Nashville:Vanderbilt University,2006.

［19］ Lee Y L,Pan J,Hathaway R B,et al. Fatigue Testing and Analysis-Theory and Practice［J］. Burlington:Elsevier Butterworth-Heinemann,2005.

［20］ Shimizu S. P-S-N Curves Model for Rolling Contact Machine Elements［C］//Proceedings of the International Tribology Conference,Nagasaki,2000,1767-1772.

［21］ Benasciutti D,Tovo R. Comparison of spectral methods for fatigue analysis of broad-band Gaussian random processes［J］. Probabilistic Engineering Mechanics,2006,21(4):287-299.

［22］ Wang X,Sun J Q. Multistage regression fatigue analysis of non-Gaussian stress processes［J］. Journal of Sound & Vibration,2005,280(1):455-465.

［23］ Lagarias,J C,Reeds J A,Wright M H,et al. Convergence Properties of the Nelder-Mead Simplex Method in Low Dimensions［J］. SIAM Journal of Optimization,1998,9(1):112-147.

［24］ Brodtkorb P A,Johannesson P,Lindgren G,et al. WAFO-A Matlab toolbox for analysis of random waves and loads［C］//Proceedings of 10th international offshore and polar engineering conference,2000,343-350.

［25］ Shinozuka M,Jan C M. Digital simulation of random processes and its applications［J］. Journal of Sound & Vibration,1972,25(1):111-128.

［26］ Efron B,Tibshirani R. An Introduction to the Bootstrap［M］. New York:Chapman & Hall,1993.

第 7 章

非高斯随机振动加速试验方法研究

随着科学技术的快速发展,装备的服役环境条件越来越复杂严酷,对其安全可靠运行带来了新的挑战,如导弹、卫星、装甲车辆、大型舰船、大型飞机、大型运载火箭、大型空天飞行器、大型风力发电机、大型燃气轮机机组、大型海洋平台、高速轨道交通系统等装备的设计制造都要求高可靠长寿命。上述重大装备在服役期间要承受各种恶劣甚至极端载荷的作用,这些载荷都具有明显的随机性,如导弹、卫星、运载器和飞船等在发射和飞行过程中遭受的各种动力学环境作用,飞机在飞行过程中受到的随机扰流作用,路面对车辆的激励作用,轨道对高速列车的作用以及风载荷、海浪载荷等。在这些随机载荷激励作用下结构产生振动,振动引起的疲劳破坏是结构破坏的主要模式之一,而疲劳失效的特点是无明显的塑性变形,常出现突然断裂,会造成严重后果或重大损失。尤其在航空航天领域,各种飞行器的振动疲劳现象尤其突出,导致的后果更加严重。例如 2002 年 5 月中国台湾中华航空公司一架波音 747 客机就因疲劳失效在台湾海峡上空突然解体,机上乘客连同机组人员共 225 人全部遇难,经调查分析飞机高空解体的原因是机尾一块蒙皮有严重的金属疲劳现象;空客 A380 客机的机翼翼肋与蒙皮连接件近年来也曾暴露出疲劳裂纹隐患。

复杂随机载荷作用下的结构振动疲劳作为工程领域广泛存在的共性问题,严重危及重大装备及结构的可靠性和安全性,近年来成为结构可靠性领域关注的前沿课题之一。如果能够提前准确预测结构在服役环境下的振动疲劳寿命,就能在发生灾难性事故之前及时预知并采取相应的维护措施;对一些不易维修或更换的空天装备如大型空间站、卫星上的关键结构,提前预测其疲劳寿命也非常重要,可为其定寿、延寿提供科学的依据,最大限度地发挥装备效益。因此,准确预测重大装备和工程结构在复杂随机动态载荷作用下的振动疲劳寿命是提高其可靠性和安全性的关键技术,也是开展长寿命高可靠结构设计的前提和基础,被国家自然科学基金委员会列入《机械工程学科发展战略报告(2011—2020)》[1]。

在实验室模拟产品和结构的实际服役振动环境,对其进行振动试验是检验其疲劳寿命是否达到设计要求的主要可信手段。但是随着结构可靠性水平的提高,结构的振动疲劳寿命越来越长,为了能够在实验室验证其寿命是否达到要求,振动疲劳加速试验成为必然的选择,由于亚高斯随机振动没有疲劳加速效应,因此本章主要对超高斯随机振动加速试验方法进行探讨,以推动振动疲劳理论的工程应用,解决装备可靠性评估时间紧、任务重等问题。

7.1 超高斯随机振动摸底试验

在研究超高斯振动的一些文献中,都给出了超高斯随机振动相较于高斯随机振动对结构的疲劳损伤具有加速效果的研究结论,但鲜有文献指出具体的加速作用规律和机制。本节首先针对超高斯随机振动的特性,以缺口悬臂梁为研究对象,设计不同的试验加载剖面,探究超高斯随机振动的各特性参数对结构振动疲劳寿命的影响和作用规律,为后续推导超高斯振动加速模型奠定基础和提供思路。在进行上述超高斯随机振动摸底试验的同时,采集分析不同试验剖面下结构危险点处的应变和应力信号,利用疲劳寿命时域计算方法计算结构的理论疲劳寿命,对超高斯振动疲劳寿命时域计算方法的有效性进行验证,并进一步验证超高斯随机振动的各特性参数对结构振动疲劳寿命的影响和作用规律。

7.1.1 试验设计

1. 试验对象

本章选取的试验对象为缺口悬臂梁,其结构与尺寸如图 7-1 所示。试验过程中,在悬臂端增加一个通孔,用以安装配重质量块,以加速试件疲劳进程。

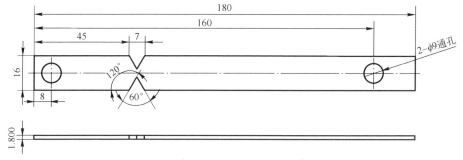

图 7-1 疲劳试件结构与尺寸(单位:mm)

试件的材料为铝合金 6061-T6,由于其优良的力学性能被广泛运用于航空航天、机械制造和交通运输等工程领域,因此具有较好的代表性,其相关力学特性如表 7-1 所列。

表 7-1　铝合金材料 6061-T6 的力学特性

弹性模量/GPa	泊　松　比	强度极限/MPa	密度/（kg/m³）
69	0.33	275	2700

2. 试验系统

通常情况下，一套完整的振动疲劳试验系统包括振动台、功率放大器、振动控制器以及加速度传感器等。由于本试验需要对结构危险点处的动态应力响应信号进行采集和分析，因此在上述试验系统的基础上增加了一个动态应变采集器，完整的试验系统如图 7-2 所示。

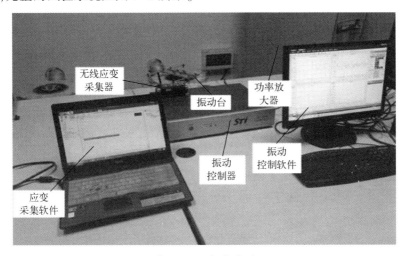

图 7-2　试验系统

试验采用的振动台为苏州苏试试验仪器有限公司生产的 D-150-2 型电磁振动台，如图 7-3 所示，该电磁振动台频率范围广但推力较小，适用于质量较小试件的振动试验。

试验采用的振动控制器为国防科技大学可靠性实验室自主研发的非高斯随机振动控制器 NRVCS，该控制器除了可以完成传统的正弦、高斯随机和冲击等试验外，还可以准确生成具有指定功率谱密度和峭度值的超高斯随机振动信号，可为开展后续的超高斯振动加速试验研究提供试验平台。

应变和应力采集设备为东华公司生产的 DH-5908 型无线动态应变采集器，如图 7-4 所示。该应变采集器最大的特点是具有 Wi-Fi 模块，可以实现采集器与笔记本电脑之间的无线数据传输。它可以同时进行 4 通道的应变采集与分析，并且各个通道的采样频率可以单独设定，最高采样频率可达 20kHz，最大应变测量范围为$-30000\sim30000\mu\varepsilon$，基本可以满足大多情况下的工程需要。该应变采集器体积小、重量轻、便于携带，很好地解决了传统动态应变采集仪体积大、不便携且连线复杂等问题。

图7-3　D-150-2型电磁振动台

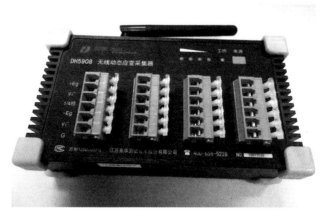

图7-4　DH-5908型无线动态应变采集器

每种试验剖面下的样本量为4,用螺栓将试件的一端通过夹具固支在振动台上,悬臂端通孔内加装一配重螺栓,试件在振动台上的布局如图7-5所示。在进行振动疲劳试验的过程中,采用电阻应变片对悬臂梁危险点处的应力信号进行采集,以便分析影响结构应力响应超高斯特性,以及通过采集到的应变信号计算结构的理论疲劳寿命。应变片的粘贴方式如图 7-6 所示。

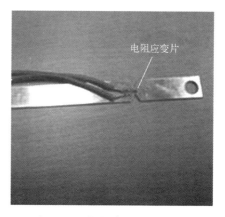

图 7-5　试件布局　　　　　图 7-6　应变片的粘贴方式

3. 试验准备

为了充分激发试件的模态,随机振动激励的频带范围需要覆盖试件的一阶模态频率。为了确定试件的一阶模态频率,首先采用 ANSYS 有限元软件对试件进行模态仿真,得到其一阶模态频率为 22.02Hz。其次对实际试件进行正弦扫频试验,扫频试验的频带范围是 5~2000Hz,基本可以覆盖结构的前几阶模态频率。利用安装在振动台面以及试件上的两个加速度传感器分别获得加速度激励信号和加速度响应信号,得到其频率响应函数曲线如图 7-7 所示,结果显示一阶模态频率为 20.9Hz。扫频结果与仿真结果存在细微差别的原因在于扫频时安装在试件上的加速度传感器对结构的模态频率产生了一定的影响。

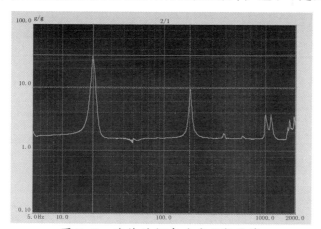

图 7-7　试件的频率响应函数曲线

4. 试验方案设计

对于超高斯随机振动,描述其振动特性的参数主要有以下 5 个:峭度、频带、带宽、功率谱密度和均方根值。为了全面地探究超高斯随机振动对结构疲劳寿命的影响规律,这里采用控制变量法设计了如下 5 组试验。

试验 A:探究超高斯随机振动的峭度对结构疲劳寿命的影响,试验剖面如表 7-2 所列。

表 7-2 试验剖面 1

试验条件	序　号		
	A1	A2	A3
频带/Hz	10~60	10~60	10~60
带宽/Hz	50	50	50
功率谱密度/(g^2/Hz)	0.01	0.01	0.01
均方根/g	0.71	0.71	0.71
峭度	3	5	7

试验 B:探究高斯随机振动的带宽对结构疲劳寿命的影响,试验剖面如表 7-3 所列。

表 7-3 试验剖面 2

试验条件	序　号		
	B1	B2(A1)	B3
频带/Hz	10~30	10~60	10~100
带宽/Hz	20	50	90
功率谱密度/(g^2/Hz)	0.01	0.01	0.01
均方根/g	0.45	0.71	0.95
峭度	3	3	3

试验 C:探究超高斯随机振动的带宽对结构疲劳寿命的影响,试验剖面如表 7-4 所列。

表 7-4 试验剖面 3

试验条件	序　号		
	C1	C2(A2)	C3
频带/Hz	10~30	10~60	10~100
带宽/Hz	20	50	90
功率谱密度/(g^2/Hz)	0.01	0.01	0.01

（续）

试验条件	序　号		
	C1	C2(A2)	C3
均方根/g	0.45	0.71	0.95
峭度	5	5	5

试验 D：探究高斯随机振动的功率谱密度量级对结构疲劳寿命的影响，试验剖面如表 7-5 所列。

表 7-5　试验剖面 4

试验条件	序　号		
	D1(A1)	D2	D3
频带/Hz	10~60	10~60	10~60
带宽/Hz	50	50	50
功率谱密度/(g^2/Hz)	0.01	0.015	0.02
均方根/g	0.71	0.87	1.00
峭度	3	3	3

试验 E：探究超高斯随机振动的功率谱密度量级对结构疲劳寿命的影响，试验剖面如表 7-6 所列。

表 7-6　试验剖面 5

试验条件	序　号		
	E1(A2)	E2	E3
频带/Hz	10~60	10~60	10~60
带宽/Hz	50	50	50
功率谱密度/(g^2/Hz)	0.01	0.015	0.02
均方根/g	0.71	0.87	1.00
峭度	5	5	5

7.1.2　结果分析

1. 振动疲劳试验结果

根据 7.1.1 节中的试验方案共进行了 11 组振动疲劳试验，图 7-8 为部分失效试件。每组试验剖面选取的样本量为 4，取平均寿命作为该组的试验结果，具体结果在表 7-7 中列出。

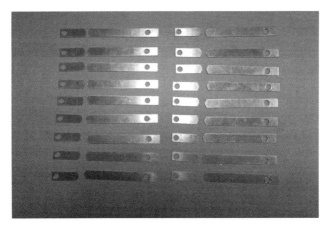

图 7-8　部分失效试件

分析表 7-7 中的试验数据,可以得到如下结论:

表 7-7　振动摸底疲劳试验结果

组　　别	序　　号	失效时间/min	平均寿命/min
A	A1	62,62,63,66	63.25
	A2	45,53,54,56	52
	A3	36,40,42,43	40.25
B	B1	63,64,67,68	65.5
	B2(A1)	62,62,63,66	63.25
	B3	62,64,65,70	65.5
C	C1	33,38,39,40	37.5
	C2(A2)	45,53,54,56	52
	C3	49,57,58,59	56
D	D1(A1)	62,64,65,70	65.5
	D2	38,39,39,40	39
	D3	26,27,28,28	27.25
E	E1(A2)	45,53,54,56	52
	E2	36,37,37,39	37.25
	E3	23,24,24,25	24

（1）A 组试验数据表明,在功率谱密度相同的情况下超高斯随机振动相较于高斯随机振动具有加速结构疲劳损伤的效果,并且随着激励峭度的增加,这种加速效果越明显。

（2）B 组试验数据表明,对于高斯随机振动,当结构的一阶模态频率在激励频带内,并且激励的功率谱密度在一阶频率处的量级保持一致时,激励的带宽以及均方根值对振动疲劳寿命几乎没有影响,因为随机振动响应的大小主要取决于激励在结构共振频率点处的能量分布大小,即功率谱密度量级大小。

（3）C 组试验数据表明,对于超高斯随机振动,激励带宽对结构的疲劳寿命有显著的影响。具体而言,在激励峭度相同且一阶模态频率处的功率谱密度相同的情况下,激励带宽越窄,结构的疲劳寿命越短,这一点与 B 组的高斯随机振动情形是不同的。

（4）对比 B、C 组试验数据可以看出,在激励峭度及功率谱密度相同的情况下,不同带宽的超高斯随机振动对结构疲劳损伤的加速效果不同,带宽越窄,超高斯随机振动的加速效果越明显。

（5）对比 D、E 组试验数据可以看出,无论是高斯随机振动还是超高斯随机振动,在激励峭度和频带带宽相同的情况下,增大激励在一阶模态频率处的功率谱密度量级,结构的疲劳寿命会显著缩短,这一点两者是一致的。

2. 应力采集结果

在进行上述振动疲劳试验的同时,对每种试验剖面下结构危险点处的应变信号进行采集和分析,通过实测的方式来验证超高斯振动激励下结构应力响应规律。设置无线动态应变采集器的采样频率为 2000Hz,采样时长为 2min。图 7-9 为 A 组试验剖面 3 种试验条件下的动态应变响应信号时间序列。

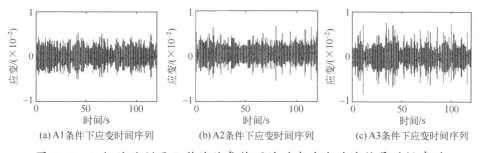

(a) A1条件下应变时间序列　　(b) A2条件下应变时间序列　　(c) A3条件下应变时间序列

图 7-9　A 组试验剖面 3 种试验条件下的动态应变响应信号时间序列

从图 7-9 应变响应信号时间序列可以看出,在激励带宽相同的情况下,随着激励峭度的增大,应变响应中偏离平均值的大峰值信号越来越多,这表明应变响应的超高斯特性越明显。

图 7-10 为 C 组试验剖面 3 种试验条件下的动态应变响应时间序列。从

图 7-10 的应变响应时间序列可以看出,在超高斯激励峭度相同的情况下,随着超高斯激励带宽变窄,应变响应中偏离平均值的大峰值信号越来越多,这表明应变响应的超高斯特性越明显。

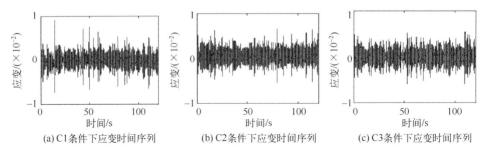

(a) C1 条件下应变时间序列　　(b) C2 条件下应变时间序列　　(c) C3 条件下应变时间序列

图 7-10　C 组试验剖面三种试验条件下的动态应变响应时间序列

对每种试验条件下采集到的应变响应时间序列的峭度值进行计算,得到的结果如表 7-8 所列。

表 7-8　应力响应峭度统计结果

组　　别	序　　号	响 应 峭 度
A	A1	3.0015
	A2	3.3288
	A3	3.7333
B	B1	3.0054
	B2(A1)	3.0015
	B3	3.0612
C	C1	3.6578
	C2(A2)	3.3288
	C3	3.1478
D	D1(A1)	3.0612
	D2	3.1275
	D3	3.1116
E	E1(A2)	3.3288
	E2	3.2589
	E3	3.3161

根据表 7-8 中的响应峭度值统计结果,可以得出如下结论:在结构可以近似看作线性系统的情况下,当随机激励服从高斯分布时,系统响应也服从高斯

分布;当随机激励服从超高斯分布时,系统响应也服从超高斯分布,并且响应的
超高斯特性与激励的峭度和带宽有关:激励峭度越大、带宽越窄,响应的超高斯
特性越明显,这一点与前面得出的结论是一致的。

综合以上分析,可以得到以下结论:

(1)对高斯随机振动激励,影响结构振动疲劳寿命最大的因素是高斯随机
振动激励的功率谱密度在其一阶固有频率处的量值;而高斯随机振动激励的均
方根值、带宽等因素对结构振动疲劳寿命影响很小。

(2)对非高斯随机振动激励,除了非高斯随机振动激励的功率谱密度在结
构一阶固有频率处的量值,非高斯随机振动激励的带宽和峭度值对结构应力响
应的非高斯特性均有显著影响,从而对结构振动疲劳寿命也有明显影响,在设
计加速试验时要予以考虑。

3. 疲劳寿命计算结果

为了计算结构的振动疲劳寿命,需要根据悬臂梁的弹性模量将应变响应信
号转化成应力响应信号。根据材料手册可知,铝合金 6061-T6 的弹性模量为
69GPa。以试验条件 A1 为例,图 7-11 为 DH5908 无线动态应变仪的实测应变
响应信号,图 7-12 为根据悬臂梁的材料特性计算得到的应力响应信号。

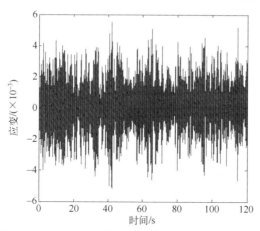

图 7-11　试验条件 A1 下实测应变响应信号

利用雨流计数法和 Miner 线性疲劳累积损伤准则对上述应力响应信号进行
计算,以估算结构的理论疲劳寿命。图 7-13 是对试验条件 A1 下采集到的应力
响应信号进行雨流计数的结果。

对每种试验条件下得到的应力响应信号采取同样的计算方法得到其理论
疲劳寿命,表 7-9 列出了各种试验条件下的试验疲劳寿命与通过雨流计算得到
的疲劳寿命之间的对比。

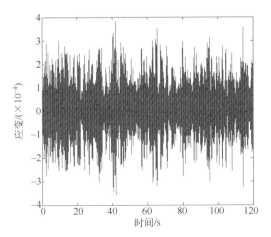

图 7-12 试验条件 A1 下应力响应信号

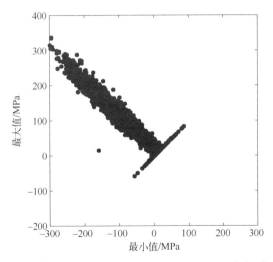

图 7-13 试验条件 A1 下应力响应雨流计数结果

表 7-9 试验疲劳寿命与计算疲劳寿命对比

组　　别	序　　号	试验疲劳寿命/min	计算疲劳寿命/min
A	A1	63. 25	60. 3
	A2	52	48. 7
	A3	40. 25	22. 1
B	B1	65. 5	62. 4
	B2(A1)	63. 25	60. 3
	B3	65. 5	66. 0

（续）

组　　别	序　　号	试验疲劳寿命/min	计算疲劳寿命/min
	C1	37. 5	42. 0
C	C2(A2)	52	48. 7
	C3	56	55. 0
	D1(A1)	65. 5	66. 0
D	D2	39	43. 3
	D3	27. 25	24
	E1(A2)	52	48. 7
E	E2	37. 25	40. 5
	E3	24	12

对比试验疲劳寿命与计算疲劳寿命可以看出，两者较为接近，这说明通过雨流计数法和 Miner 线性疲劳累积损伤准则计算随机载荷疲劳寿命的时域方法无论是对高斯还是超高斯振动疲劳均是适用的。但是 A3、E3 计算疲劳寿命与试验疲劳寿命之间的差异较大，分析原因主要在于这两种试验条件下存在较多远大于材料屈服极限的应力响应，这将对结构的疲劳失效机理产生显著影响，此时上述时域法将不再适用。

7.2　随机振动加速试验模型

7.1 节通过摸底试验探究了超高斯随机激励对结构应力响应及疲劳寿命的影响规律。本节以上述定性分析结论为基础，进一步给出超高斯随机振动加速试验的定量数学模型，并通过试验对给出的加速模型进行验证。

7.2.1　高斯随机振动加速试验模型

在加速试验中，加速应力对各种失效模式的加速机理和加速效果是不同的。加速模型用来描述失效模式的可靠性特征与加速应力水平之间的关系，常用的加速模型有阿伦尼兹模型、逆幂律模型、艾利模型和多项式加速模型等。

在各种振动试验标准中，随机振动的试验条件通常是通过规定其加速度功率谱密度来描述，包括加速度功率谱密度的谱型和各频率点上的量级大小。由于结构在随机交变应力下的疲劳损伤取决于破坏面的状态，而破坏面与振动频率密切相关，因此在振动加速试验中一般不改变振动激励的频带分布，而是保持其激励加速度功率谱密度的整体谱型不变，通过提高振动量级，即将功率谱

密度曲线整体向上平移放大来实现加速,用公式表示如下:

$$G_2(f) = \alpha G_1(f) \tag{7.1}$$

1. 窄带高斯随机振动加速因子的推导

金属材料的疲劳数据通常是由等幅疲劳试验获得,由此建立 S-N 曲线。理想的 S-N 曲线可以表示为

$$NS^b = A \tag{7.2}$$

式中:S 为应力幅值;N 为导致疲劳失效的循环次数;b 和 A 为材料的疲劳特性参数。

根据 Miner 线性疲劳累积损伤准则[2],在不同幅值应力的作用下,结构的疲劳损伤为

$$D = \sum D_i = \sum \frac{n_i}{N_i} \tag{7.3}$$

式中:N_i 为应力水平为 S_i 时的结构疲劳寿命;n_i 为第 i 级应力水平下的应力循环次数;D 为累积疲劳损伤(一般认为当 $D=1$ 时发生疲劳失效)。

对于随机应力连续分布的情况[3]:

$$n_i = v_p T p(S_i) \mathrm{d}S_i \tag{7.4}$$

式中:T 为作用时间;$p(S)$ 为应力幅值的概率密度函数;v_p 为峰值率,即随机应力序列单位时间内出现峰值的平均次数。为了定义峰值率,在此引入谱矩的概念加以说明。

统计矩[4]用来描述幅值概率密度的数字特征,同样可以引入谱矩来描述随机过程功率谱密度的数字特征。平稳随机过程 $X(t)$ 的谱矩 m_i 可以用其单边功率谱密度 $G_X(\omega)$ 定义为

$$m_i = \int_0^\infty \omega^i G_X(\omega) \mathrm{d}\omega \tag{7.5}$$

算出谱矩 m_2、m_4 后,峰值率可以通过下式获得

$$v_p = \sqrt{\frac{m_4}{m_2}} \tag{7.6}$$

将式(7.2)和式(7.4)代入式(7.3),得到计算疲劳损伤的积分计算公式为

$$D = \frac{v_p T}{A} \int_0^\infty S^b p(S) \mathrm{d}S \tag{7.7}$$

当随机应力服从窄带高斯分布时,根据随机过程理论,其应力幅值近似服从瑞利分布[3]:

$$p(S) = \frac{S}{\sigma^2} \exp\left(-\frac{S^2}{2\sigma^2}\right) \tag{7.8}$$

式中:σ 为应力的均方根值。

将式(7.8)代入式(7.7),得到窄带随机应力作用下的疲劳累积损伤为

$$D = \frac{v_\mathrm{p}T}{A}(\sqrt{2}\sigma)^b \Gamma\left(\frac{b+2}{2}\right) \tag{7.9}$$

式中:Γ 为伽马函数,其定义为

$$\Gamma(x) = \int_0^\infty t^{x-1}\mathrm{e}^{-t}\mathrm{d}t \tag{7.10}$$

当两种试验条件下的疲劳损伤相同时,满足 $D_1(T_1) = D_2(T_2)$,根据式(7.9)可得窄带高斯随机应力下的加速因子为

$$k = \frac{T_1}{T_2} = \left(\frac{\sigma_2}{\sigma_1}\right)^b \tag{7.11}$$

这就是已有文献[5,6]中关于随机振动逆幂律加速模型的一般表达式的由来。

根据相关文献[7],当系统的阻尼比较小时,随机振动作用下的应力响应均方根值 σ 可近似由下式计算:

$$\sigma \approx k\sqrt{\frac{G(f_1)}{\pi f_1 \xi}} \tag{7.12}$$

式中:$G(f_1)$ 为振动激励的加速度功率谱密度在试件结构一阶固有频率 f_1 处的量值;ξ 为等效阻尼比(一般假设 $\xi \leqslant 0.1$);k 为与试件材料相关的比例常数。

工程实践表明,通常结构件的阻尼比远小于 1,满足小阻尼条件,此时有 $v_\mathrm{p} \approx f_1$。将式(7.12)代入式(7.9)中得

$$D \approx \frac{f_1 T k^b}{A}\left[\frac{2G(f_1)}{\pi f_1 \xi}\right]^{\frac{b}{2}} \Gamma\left(\frac{b+2}{2}\right) = k_1 T\left[G(f_1)\right]^{\frac{b}{2}} f_1^{\frac{2-b}{2}} \tag{7.13}$$

式中定义了与材料有关的比例常数 $k_1 = \dfrac{k^b}{A}\left[\dfrac{2}{\pi}\right]^{\frac{b}{2}} \Gamma\left(\dfrac{2+b}{2}\right)$。

当结构发生疲劳失效时,令 $D=1$,则由式(7.13)可得对应疲劳寿命的表达式为

$$T = \frac{\xi^{\frac{b}{2}}}{k_1\left[G(f_1)\right]^{\frac{b}{2}} f_1^{\frac{2-b}{2}}} \tag{7.14}$$

当两种试验条件下均发生疲劳失效时有

$$D_1(T_1) = D_2(T_2) = 1 \tag{7.15}$$

根据式(7.14),可以得到随机振动加速因子的另外一种表达式为

$$k = \frac{T_1}{T_2} = \left[\frac{G_2(f_1)}{G_1(f_1)}\right]^{\frac{b}{2}} \tag{7.16}$$

式(7.16)是随机振动试验逆幂律加速模型的另外一种表达形式,美军标MIL-STD-810G中采用的就是这种形式。

从式(7.16)看出,结构疲劳失效时间与振动激励在结构一阶固有频率处的功率谱密度量级的$\frac{b}{2}$阶矩成反比。

2. 宽带高斯随机振动加速因子的推导

与窄带高斯随机应力的雨流幅值分布函数服从瑞利分布不同,宽带高斯随机应力过程的雨流幅值概率密度函数较为复杂。针对宽带随机应力下的疲劳损伤计算问题,国内外学者给出了不同的雨流幅值概率密度函数模型来模拟宽带随机应力过程[9-11]。其中Dirlik模型[12]被认为具有很高的计算精度,且已被广泛集成到各种有限元疲劳分析软件中用于疲劳寿命的计算。

对于宽带随机应力,Dirlik采用蒙特卡罗方法进行时域模拟,得到了70多种不同形状的功率谱密度函数的应力时间序列,对其进行雨流计数,得到雨流循环幅值分布规律,通过归纳,可以用一个指数分布和两个瑞利分布来描述应力幅值的概率密度函数[12]:

$$p(S) = \frac{\frac{D_1}{Q}\mathrm{e}^{\frac{-Z}{Q}} + \frac{D_2 Z}{R^2}\mathrm{e}^{\frac{-Z^2}{2R^2}} + D_3 Z\mathrm{e}^{\frac{-Z^2}{2}}}{2\sqrt{m_0}} \tag{7.17}$$

其中:

$$D_1 = \frac{2(\chi_m - \gamma^2)}{1+\gamma^2}, D_2 = \frac{1-\gamma-D_1+D_1^2}{1-R}, D_3 = 1-D_1-D_2, Z = \frac{S}{2\sqrt{m_0}},$$

$$Q = \frac{125(\gamma - D_3 - D_2 R)}{D_1}, R = \frac{\gamma - \chi_m - D_2}{1-\gamma-D_1+D_1^2}, \chi_m = \frac{m_1}{m_0}\sqrt{\frac{m_2}{m_4}}, \gamma = \frac{m_2}{\sqrt{m_0 m_4}} \tag{7.18}$$

式中:m_i为由式(7.5)定义的谱矩。

Dirlik模型看似复杂,但其中的基本参数只有谱矩m_0、m_1、m_2、m_4。将式(7.17)代入式(7.7)中得到由Dirlik模型计算的疲劳损伤公式为

$$D = \frac{v_p T}{A}\sigma^b\left[D_1 Q^b \Gamma(1+b) + (\sqrt{2})^b \Gamma\left(1+\frac{b}{2}\right)(D_2 \mid R \mid^b + D_3)\right] \tag{7.19}$$

根据本章开头的描述,在振动加速试验中,通常是保持谱型不变而仅使功率谱密度等比例放大,因此式(7.19)中关于谱矩的参数v_p、D_1、D_2、D_3、Q、R均相同。因此,当两种试验条件下均发生疲劳失效时,其疲劳寿命之比即加速因

子为

$$k = \frac{T_1}{T_2} = \left(\frac{\sigma_2}{\sigma_1} \right)^b \tag{7.20}$$

这与式(7.11)的表达式是一致的,说明宽带高斯随机振动和窄带高斯随机振动的加速因子具有内在的一致性。

根据式(7.12)的描述,在小阻尼比的情况下,式(7.20)也可以改写为

$$k = \frac{T_1}{T_2} = \left[\frac{G_2(f_1)}{G_1(f_1)} \right]^{\frac{b}{2}} \tag{7.21}$$

因此,无论是窄带高斯随机激励还是宽带高斯随机激励,其加速因子均可由式(7.20)或式(7.21)给出。

7.2.2　超高斯随机振动加速试验模型

1. 超高斯修正因子的引入

当随机应力响应为平稳窄带超高斯分布时,可以在式(7.13)的基础上增加一个超高斯修正因子 λ 来描述应力响应的超高斯特性对结构疲劳损伤累积的影响,如下式所示:

$$D = \lambda k_1 T \left[\frac{G(f_1)}{\xi} \right]^{\frac{b}{2}} f_1^{\frac{2-b}{2}} \tag{7.22}$$

根据前面的摸底试验,已经知道超高斯修正因子 λ 与应力响应的峭度值密切相关,不妨用下式来描述:

$$\lambda = 1 + \varphi_1 (k_y - 3) \tag{7.23}$$

式中: k_y 为应力响应的峭度值; φ_1 为正的比例系数。从式(7.23)可以看出,当响应的峭度 $k_y = 3$ 即响应为高斯分布时,修正因子 $\lambda = 1$,式(7.22)与式(7.13)相同;当响应的峭度 $k_y > 3$ 即响应为超高斯分布时,修正因子 $\lambda > 1$,表明响应的超高斯特性会加速结构的疲劳损伤累积,并且响应的超高斯特性越明显,这种加速效果越明显。

对于平稳宽带超高斯随机应力,也可通过该方法得到相同的结论,在此不再赘述。下面将通过随机过程理论进一步研究影响应力响应峭度值 k_y 大小的因素。

2. 响应带宽分析

一般情况下可以将振动试验的试件当作线性系统来处理,振动激励看作系统的输入,试件的响应看作系统的输出,如图 7-14 所示,输入的功率谱密度为 $X(f)$,输出的功率谱密度为 $Y(f)$,系统的频响函数为 $H(f)$。

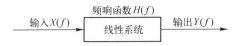

图 7-14 振动系统的频响表示

根据线性系统[13]及随机过程理论[14]，系统的输出为

$$Y(f) = X(f) \cdot |H(f)|^2 \tag{7.24}$$

由式(7.24)可以得到系统响应的有效带宽为

$$W_Y = \min\{W_X, W_H\} \tag{7.25}$$

式中：W_Y 为输出的有效带宽；W_X 为输入的有效带宽；W_H 为系统的通频带宽。

如7.2.1节中的定义，f_1 表示试件的一阶模态频率，ξ 表示阻尼比，这两个参数为试件结构本身的固有动力学特性参数，并且与结构自身的通频带宽有如下关系：

$$W_H = 2\xi f_1 \tag{7.26}$$

在实际结构中，阻尼比 ξ 通常较小，一阶模态频率 f_1 也不大，因此系统的通频带宽 W_H 往往也不大，根据式(7.25)，可以将其看作一个窄带滤波器。

3. 响应超高斯特性分析

式(7.24)给出了响应的频域表示方法，根据卷积公式，随机过程 $x(t)$ 通过线性系统后的时域表示为

$$y(t) = \int_{-\infty}^{+\infty} x(\tau) h(t-\tau) \mathrm{d}\tau \tag{7.27}$$

式中：$h(t)$ 为系统的脉冲响应函数。将式(7.27)中的积分形式改写成极限求和的形式为

$$y(t) = \lim_{\Delta\tau_k \to 0} \sum_{k=1}^{\infty} x(\tau_k) h(t-\tau_k) \Delta\tau_k \tag{7.28}$$

式中：$x(\tau_k)$ 为随机变量；$\Delta\tau_k$ 为采样时间间隔。由独立同分布的中心极限定理[15]可知，如果随机变量 $X_1, X_2, \cdots, X_n, \cdots$ 独立同分布，且具有数学期望和方差 $E(X_k) = \mu, D(X_k) = \sigma^2 > 0 (k = 1, 2, \cdots)$，则随机变量之和 $\sum_{k=1}^{n} X_k$ 的标准化变量

$$Y_n = \frac{\sum_{k=1}^{n} X_k - n\mu}{\sqrt{n}\sigma} \tag{7.29}$$

的分布函数 $F_n(x)$ 对于任意 x 满足：

$$\lim_{n \to \infty} F_n(x) = \lim_{n \to \infty} P \left\{ \frac{\sum\limits_{k=1}^{n} X_k - n\mu}{\sqrt{n}\,\sigma} \leq x \right\} \tag{7.30}$$

$$= \int_{-\infty}^{x} \frac{1}{\sqrt{2\pi}} e^{-t^2/2} dt = \varPhi(x)$$

这就是说,当 n 充分大时,独立同分布的随机变量之和近似服从高斯分布(即正态分布)。

由随机过程理论可知,激励的相关时间 τ_x 与激励的有效带宽 W_X 成反比,即相关时间 τ_x 将会随着激励的有效带宽 W_X 的增大而减小。当 τ_x 远小于采样时间间隔 $\Delta\tau_k$ 时,对任何时刻 t,式(7.28)中的各个 τ_x 对应的随机变量可以看作是相互独立的。根据上述论述,可以得出这样的结论:超高斯振动激励作用时,激励的有效带宽将会对响应的超高斯特性产生影响。

对于图 7-14 所示的滤波器频响结构,当宽带随机信号作用于窄带系统时,由于系统存在惰性,对激励信号产生响应需要一定的建立时间 t_s,并且 t_s 与系统的通频带宽 W_H 成反比。W_H 越小,t_s 越大,相应的信号响应时间就越长,因此对随机输入的各个取样的累积时间也越长。于是当累积时间 t_s 远大于采样时间间隔 $\Delta\tau_k$ 时,式(7.28)趋向于高斯分布。相反,当超高斯随机过程作用于线性系统并且系统的通频带宽较宽时,建立时间 t_s 较小,当 t_s 远小于采样时间间隔 $\Delta\tau_k$ 时,输入随机过程通过系统后的失真较小,因此输出的分布特性将接近输入的分布特性,即保持输入信号的超高斯分布特性。

综合上述分析理论,当满足 $\tau_x \ll \Delta\tau_k \ll t_s$ 时,即输入带宽远大于系统通频带宽时,系统在非高斯随机输入下的输出将表现出较为明显的高斯特性。因此可以将上述结论归纳如下:对于线性系统,当输入随机过程的有效带宽远大于系统通频带宽时,输出随机过程将趋向于高斯分布,而与输入过程的超高斯特性无关;当输入随机过程的有效带宽小于系统通频带宽或与之相当时,超高斯输入随机过程的输出将表现出输入过程的超高斯特性。

根据前述理论分析和试验采集到的应力响应结果,可考虑采用式(7.31)来描述应力响应的峭度值 k_y 与激励峭度 k_x、激励带宽 W_X 和系统通频带宽 W_H 之间的关系:

$$k_y = 3 + \varphi_2 \frac{W_H}{W_X}(k_x - 3) \tag{7.31}$$

式中:φ_2 为比例系数。

综合式(7.23)和式(7.31)可得到超高斯修正因子的完整表达式为

$$\lambda = 1 + \varphi_1 \varphi_2 \frac{W_H}{W_X}(k_x - 3) \tag{7.32}$$

根据式(7.32)的表述,可以看出,激励的峭度以及有效带宽是影响超高斯修正因子大小的主要因素,进而影响结构的振动疲劳寿命。定性而言,激励的峭度越大、带宽越窄,结构的振动疲劳寿命越短,这与摸底试验 A、C 组中的试验结果是一致的。

将式(7.32)代入式(7.22)中并令 $D=1$ 可以得到超高斯振动激励下的结构疲劳寿命的计算表达式为

$$T_{sg} = \frac{f_1^{\frac{b-2}{2}} \xi^{\frac{b}{2}}}{k_1 \left[1 + \varphi_1 \varphi_2 \frac{W_H}{W_X}(k_x - 3) \right] \left[G(f_1) \right]^{\frac{b}{2}}} \tag{7.33}$$

由于 φ_1 和 φ_2 总是以乘积的形式出现,不妨令 $\eta = \varphi_1 \varphi_2$,式(7.33)可以简化成

$$T_{sg} = \frac{f_1^{\frac{b-2}{2}} \xi^{\frac{b}{2}}}{k_1 \left[1 + \eta \frac{W_H}{W_X}(k_x - 3) \right] \left[G(f_1) \right]^{\frac{b}{2}}} \tag{7.34}$$

根据上述数学模型,就可以将结构振动疲劳寿命与振动激励的特性、结构固有的动力学特性紧密联系起来,十分便于定量设计振动加速试验。下面将进一步阐述式(7.33)中未知参数的估计方法。

4. 加速模型参数估计方法

由式(7.33)中的模型可以看出,当试件的结构、尺寸以及材料确定之后,其中的参数 f_1、ξ、W_H 也相应确定了,并可以由扫频试验获得;当随机振动激励条件确定时,参数 W_X、k_x 以及 $G(f_1)$ 也随之获得,这样式(7.33)中的待求参数就为 b、k_1、η(或 φ_1 和 φ_2)。下面将探讨根据7.1节中几组振动摸底试验的试验结果对上述未知参数逐一进行估计的方法。

首先根据 D 组的试验结果对参数 b 进行估计。

对式(7.21)两边取对数可得

$$\ln \frac{T_1}{T_2} = \frac{b}{2} \ln \frac{G_2(f_1)}{G_1(f_1)} \tag{7.35}$$

令 $Y_1 = \ln \dfrac{T_1}{T_2}$,$X_1 = \ln \dfrac{G_2(f_1)}{G_1(f_1)}$,式(7.35)变成

$$Y_1 = \frac{b}{2} X_1 \tag{7.36}$$

将 D 组中的试验结果代入式(7.36)中可以得到 7 组 (X_1, Y_1) 的值,通过曲线拟合的方式,就可以得到参数 b 的估计值为 $\hat{b} = 2.5453$,然后根据 D 组的试验结果继续对参数 k_1 进行估计。

由式(7.14)可得

$$k_1 T = \frac{\xi^{\frac{b}{2}}}{\left[G(f_1) \right]^{\frac{b}{2}} f_1^{\frac{2-b}{2}}} \tag{7.37}$$

令 $Y_2 = \dfrac{\xi^{\frac{b}{2}}}{\left[G(f_1) \right]^{\frac{b}{2}} f_1^{\frac{2-b}{2}}}, X_2 = T$,式(7.37)变成

$$Y_2 = k_1 X_2 \tag{7.38}$$

采取与估计参数 b 同样的方式获得 3 组 (X_2, Y_2) 的值,再通过曲线拟合的方式,可以得到参数 k_1 的估计值为 $\hat{k}_1 = 0.0848$;紧接着根据 A、C 组的试验结果对参数 η 进行估计。

对式(7.33)进行变换得

$$\frac{f_1^{\frac{b-2}{2}} \xi^{\frac{b}{2}}}{k_1 T_{sg} \left[G(f_1) \right]^{\frac{b}{2}}} - 1 = \eta \frac{W_H}{W_X} (k_x - 3) \tag{7.39}$$

令 $Y_3 = \dfrac{f_1^{\frac{b-2}{2}} \xi^{\frac{b}{2}}}{k_1 T_{sg} \left[G(f_1) \right]^{\frac{b}{2}}} - 1, X_3 = \dfrac{W_H}{W_X} (k_x - 3)$,式(7.39)变成

$$Y_3 = \eta X_3 \tag{7.40}$$

采取与估计参数 b 同样的方式获得 5 组 (X_3, Y_3),通过曲线拟合的方式,可以得到参数 η 的估计值为 $\hat{\eta} = 9.0746$,最后根据应力采集结果对参数 φ_2 进行估计。

对式(7.31)进行变换得

$$k_y - 3 = \varphi_2 \frac{W_H}{W_X} (k_x - 3) \tag{7.41}$$

令 $Y_4 = k_y - 3, X_3 = \dfrac{W_H}{W_X} (k_x - 3)$,式(7.41)变成

$$Y_4 = \varphi_2 X_4 \tag{7.42}$$

根据超高斯激励下的应力采集结果可以获得 4 组 (X_4, Y_4),通过曲线拟合的方式,可以得到参数 φ_2 的估计值为 $\hat{\varphi}_2 = 5.4843$;进而根据之前 η 的估计值,进一步得到 φ_1 的估计值为 $\hat{\varphi}_1 = 1.6547$。

5. 加速模型试验验证

为了对上面推导得到的随机振动加速模型正确性进行验证,本节采用与摸底试验中相同的结构进行超高斯随机振动试验,任意给出两种试验剖面如表7-10所列。

表7-10 加速模型验证试验参数

	振动试验剖面1	振动试验剖面2
频带/Hz	10~50	10~80
带宽/Hz	40	70
功率谱密度/(g^2/Hz)	0.015	0.008
峭度	5	6

根据上述两种试验剖面开展振动疲劳试验,每组剖面的样本量为3,可以得到上述两种试验剖面下结构的振动疲劳寿命。

将表7-10中的试验剖面参数以及本节中得到的各参数的估计值$\hat{b}=2.5453,\hat{k}_1=0.0848,\eta=9.0746$一起代入式(7.34)中,可以得到结构在两种试验条件下的疲劳寿命估计值。表7-11列出了实际疲劳试验寿命结果、疲劳寿命估计值以及误差分析情况。通过表7-11中的结果对比发现寿命估计值与真实试验得到的结果存在一定的误差,但是对于分散性较大的振动疲劳寿命估计问题而言,30%左右的预测误差在工程上属于可接受的范围,因此式(7.34)描述的数学模型及参数估计方法的工程有效性得到了验证。

表7-11 加速模型验证试验结果分析

	振动试验剖面1	振动试验剖面2
试验结果/min	35,40,42	92,94,108
平均寿命/min	39	98
寿命估计值/min	28.04	65.00
误差	28.10%	33.67%

7.3 超高斯随机振动加速试验策略与支撑工具

7.3.1 超高斯随机振动加速试验策略

1. 试验方案优化

根据7.2.2节给出的加速模型参数估计流程,为了得到3个未知参数b、

k_1 和 η 的估计值,需要根据 7.1.1 节的试验剖面完成 3 组振动疲劳试验,即 A 组改变峭度的超高斯振动试验、C 组改变带宽的超高斯振动试验和 D 组改变功率谱密度的高斯振动试验。去除其中重复的试验剖面,需要完成的试验次数为 7。

根据 D 组的高斯振动疲劳试验结果,可以对未知参数 b 和 k_1 进行估计。考虑到 A 组、C 组均为超高斯振动试验,去除重复的试验剖面,可以得到 5 个独立的试验结果,在 7.2 节已经给出了根据以上 5 个独立的试验结果得到参数 η 的估计值为 $\hat{\eta} = 9.0746$。下面将讨论单独根据 A 组和 C 组试验结果来对参数 η 进行估计。

采取类似的估计方法,单独根据 A 组试验结果可以得到参数 η 的估计值为 $\hat{\eta}_1 = 9.3126$;单独根据 C 组试验结果可以得到参数 η 的估计值为 $\hat{\eta}_2 = 9.0216$。如果将根据两组试验结果共同得到的估计值作为基准,那么单独根据每组试验结果得到估计值的误差分别为 2.6% 和 0.6%。

可以看出,单独根据某组超高斯振动试验结果得到参数 η 的估计误差均较小,因此可以考虑在 A 组、C 两组试验中选取一组来完成超高斯振动疲劳试验,与 D 组高斯振动疲劳试验结果配合来完成 3 个未知参数的估计,这样既可以减少试验量又可以保证估计精度。

比如采取 C 组与 D 组结合的方式,需要完成的振动疲劳试验数为 6;而采取 A 组与 D 组结合的方式,需要完成的振动疲劳试验数为 5。虽然 A 组与 D 组结合得到的参数估计误差稍大,但对于振动疲劳寿命预测而言,仍能得到较为满意的估计精度。综合考虑试验量与估计精度,考虑选择 A 组与 D 组试验相结合的方式对原来的摸底试验进行优化,即采用保持激励频带范围不变而改变功率谱密度的高斯振动加速试验和保持激励频带与功率谱密度不变而改变峭度值的超高斯振动加速试验。

2. 试验流程

综合以上分析,可以得到一种超高斯随机振动加速试验策略,具体流程如图 7-15 所示。

(1) 测量工程结构真实使用条件下的随机振动环境特性,分析其时域与频域特征,包括功率谱密度以及峭度等时频域特性,确认其是否具有超高斯分布特性。

(2) 通过正弦扫频试验或其他方式测量分析工程结构固有的动力学特性参数,包括一阶模态频率、阻尼比等参数。

(3) 采用与实际使用条件下相同的结构安装方式开展预试验,以确保结构的动力学特性参数与实际保持一致。

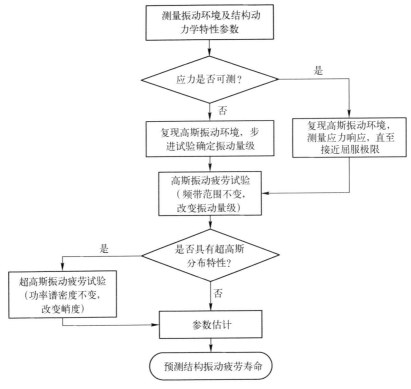

图 7-15　超高斯随机振动加速试验策略流程图

① 对于危险点处应力容易测量的结构,根据第 1 步采集到的振动环境功率谱密度,在振动台上复现对应的高斯振动环境,逐渐增大激励功率谱密度,同时测量危险点处在不同试验条件下的应力响应,直至应力响应接近材料屈服极限。

② 对于危险点处应力不便测量的结构,如电子元器件的管脚或焊点等,根据第 1 步中得到的实际使用环境功率谱密度,在振动台上复现高斯振动环境,采取步进试验的方式开展预试验确定合适的振动试验量级,以确保产品的疲劳失效机理不改变,以及疲劳失效时间长度在合适的范围内。

(4) 参照 7.1.1 节 D 组试验剖面的设计思路,保持振动激励的频带范围不变,开展高斯振动疲劳试验,获得几组试验数据。

① 对于危险点应力容易测量的结构,可根据第 3 步测量的应力响应,采用疲劳寿命时域计算方法对不同加载条件下的振动疲劳寿命进行预测,根据预测的疲劳寿命结果,选择少数疲劳寿命最短的试验剖面开展振动疲劳试验。

② 对于危险点应力不便测量的结构,在第 3 步预试验的基础上选择合适的

功率谱密度梯度开展振动疲劳试验。

（5）如果在第 1 步实测的振动环境中包含超高斯分布特性，参照 7.1.1 节 A 组试验剖面的设计思路，保持振动激励的功率谱密度不变，逐渐增大振动激励的峭度值，开展超高斯振动疲劳试验，获取几组试验数据。

（6）根据振动疲劳摸底试验结果，采用 7.2.2 节中的参数估计方法对式（7.34）中的未知参数进行估计，得到其估计值 $\hat{b}$、$\hat{k}_1$ 和 $\hat{\eta}$。

（7）将第（6）步中得到的估计值代入式（7.34）中，估算产品在实际服役振动环境下的振动疲劳寿命预测值。

7.3.2　支撑工具

1. 设计思路

在 7.3.1 节中已经给出了超高斯随机振动加速试验策略的具体流程，其中主要包含振动疲劳试验设计、参数估计和寿命预测三大部分。为了减少在策略执行过程中的计算量，本节借助 Mtalab 的 GUI 模块[16]设计了一款支撑工具，用户只需将试验结果输入软件中的相应位置并输入试验条件，即可快速预测各种试验条件下的振动疲劳寿命。支撑工具软件界面如图 7-16 所示。

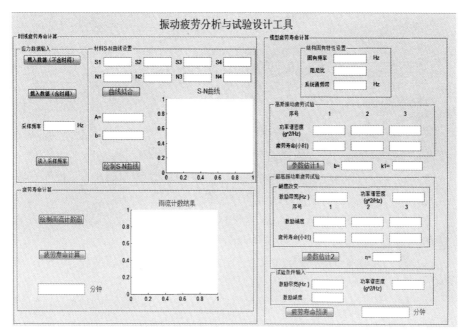

图 7-16　支撑工具软件界面

2. 使用说明

根据 7.3.1 节所述的随机振动加速试验策略流程,该支撑工具主要包含两大功能模块:左半边为时域疲劳寿命计算模块,右半边为疲劳试验设计与寿命预测模块。

当用户在预试验中采集到了不同试验条件下的应力响应序列时,可将其载入到左边的计算界面中通过时域计算方法对每种试验条件下的寿命进行初步预测,用以选定寿命时间较短的试验剖面开展振动疲劳试验。具体使用流程如图 7-17 所示。

(1) 根据用户采集的应力数据格式,选择应力数据含时间或不含时间,对于包含时间的应力序列,软件可根据采样时间间隔自动计算采样频率;对于不含时间的应力序列,用户需手动输入采样频率。

(2) 用户输入多组实测 S-N 数据,通过曲线拟合的方式获得标准形式 S-N 曲线表达式中的两个疲劳特性参数,或者通过手册直接输入两个疲劳特性参数。

(3) 绘制雨流计数结果,通过雨流计数图直观看到应力响应的幅值情况。

(4) 疲劳寿命计算,获得相应试验条件下的振动疲劳寿命预测值。

图 7-17　时域疲劳寿命计算模块使用流程

当在预试验的过程中未采集应力响应序列时,可直接进入右边的疲劳试验设计与寿命预测模块,具体使用流程如下:

(1) 输入通过试验或仿真得到的结构一阶固有频率和阻尼比,软件会根据公式 $W_{II} = 2\xi f_1$ 计算出系统的通频带。

(2) 输入高斯振动疲劳试验 3 组试验条件及对应的试验结果,完成参数 b 和 k_1 的估计。

(3) 输入超高斯振动疲劳试验 3 组试验条件及对应的试验结果,完成参数 η 的估计。

(4) 输入实际使用环境的振动条件参数,根据加速模型预测相应的振动疲劳寿命。

将本章之前的试验结果数据代入工具软件中,运行界面如图 7-18 所示。

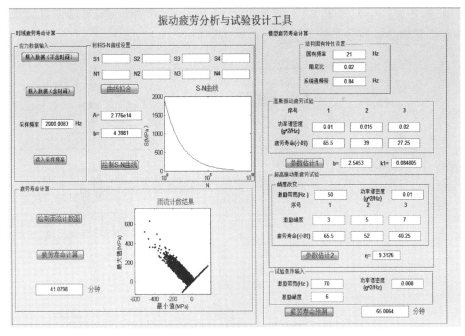

图 7-18　工具软件运行界面

7.4　超高斯随机振动加速试验应用案例

针对典型电子和机电装备的振动加速试验与可靠性评估问题,借助以超高斯振动控制器为核心的新型高效振动试验平台,以超高斯振动激励为加速应力,开展基于故障物理的振动加速试验与评估研究,形成超高斯振动加速试验与评估技术应用指南,可以有效减少传统可靠性评估所需的试验样本量和试验时间,适应新研装备对加速可靠性试验与评估技术的需求,具有重要的研究价值和工程应用前景。

超高斯振动加速试验技术的有效性,不仅需要理论基础研究的支撑,还需要通过实际的工程案例应用进一步的验证。为此,分别以××损管综合监控分系统和××操舵控制系统变压器组件为对象,对前面提出的超高斯振动加速试验及评估方法的有效性和实用性进行工程应用验证,为进一步推广应用奠定基础。

7.4.1　应用案例 1

1. 试验对象

试验对象为××舰损管综合监控分系统中的关键部件,包括损管监控通信模块箱、损管显控模拟图板、损管监控箱、灭火控制箱、声光报警器、延伸报警箱。××舰损管综合监控分系统的具体组成结构如图 7-19 所示。

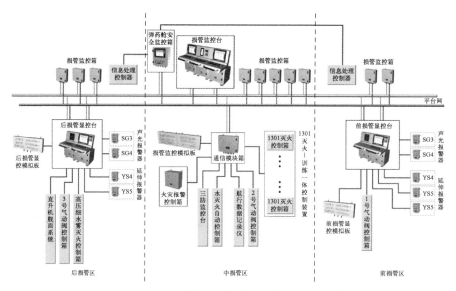

图 7-19　××舰损管综合监控分系统具体组成结构

2. 试验方案

鉴于目前高可靠长寿命装备采用国军标中的可靠性鉴定试验标准（GJB 899A—2009《可靠性鉴定和验收试验》）导致的试验时间过长的问题，通过先期调研分析，确认振动应力是该产品的主要失效敏感应力，因此考虑利用超高斯随机振动应力对产品的缺陷激发效率高的特点，通过预试验得到超高斯随机振动应力与目前所使用的高斯随机振动应力对产品的累计疲劳损伤的关系，并以此为基础给出××舰损管综合监控分系统的加速可靠性鉴定试验方案。具体步骤如下：

步骤 1：开展预试验。

开展预试验的目的是得到产品在超高斯随机振动应力与高斯随机振动应力作用下的累计疲劳损伤关系，从而得到准确的加速试验系数。

步骤 2：可靠性鉴定试验方案的选择。

根据受试产品的类型和样本量，参照 GJB 899A—2009 选择适当的可靠性鉴定试验方案，确定试验应力和试验剖面。

步骤 3：可靠性鉴定试验方案的修正。

将参照 GJB 899A—2009 所选择的可靠性鉴定试验中的高斯随机振动应力用超高斯随机振动应力替代，其他应力保持不变，根据预试验所确定的振动应力加速系数,对参照 GJB 899A—2009 所选择的可靠性鉴定试验方案中试验时间进行折算,得到基于超高斯随机振动应力的加速可靠性鉴定试验方案。

步骤 4:开展超高斯振动加速可靠性鉴定试验方案。

根据修正后的超高斯振动加速可靠性鉴定试验方案开展试验,试验前的相关准备和试验过程中的故障判据的明确、故障的分类、受试产品的测试等相关工作以及试验后的相关处理措施要严格依照 GJB 899A—2009 中的相关要求进行。

步骤 5:根据试验结果判断产品的可靠性是否达到预定指标。

当试验结果达到加速可靠性鉴定试验方案的接受条件时,判定产品可靠性设计水平达到了预定的指标,否则认为产品没有达到预定的可靠性指标,需要重新对产品进行设计。

3. 试验过程

首先选择××舰损管监控装置中通信模块箱作为预试验对象。将两台相同的设备分别装夹在振动台上进行试验,如图 7-20 所示。按照 GJB 899A—2009 中图 B3.3-4(图 7-21)中规定的运输振动频谱施加振动应力,其中一台设备施加高斯随机振动应力,另一台设备通过 NRVCS 控制仪施加超高斯振动应力。

图 7-20　通信模块箱在振动台的安装情况

通过预试验发现,该型设备在超高斯随机振动应力作用 34.2h 后出现复位按钮连接位置断裂、从安装基座脱落的故障模式,而在高斯随机振动试验应力作用下 399.6h 出现相同的故障模式,具体的故障模式如图 7-22 所示。根据预

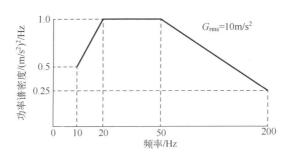

图 7-21　运输振动频谱应力试验剖面

试验结果,确定设备在超高斯随机振动应力与高斯随机振动应力作用下的疲劳失效加速系数为 399.6/34.2≈12。

图 7-22　通信模块箱在预试验中的故障模式

　　根据受试产品的类型和样本量,选择 GJB 899A—2009《可靠性鉴定和验收试验》中标准定时截尾试验方案 17,决策风险 $\alpha=\beta=0.2$,鉴别比 $d=3.0$,试验时间为 4.3 倍 MTBF。如果试验过程中样本出现的失效数小于或等于 2 个,则接受产品 MTBF 指标达到规定要求;如果失效数大于 2,则认为产品 MTBF 指标没有达到规定要求。试验应力参照 GJB 899A—2009 中图 B3.3-4(图 7-21)的试验应力和剖面,并利用超高斯随机振动应力代替高斯随机振动应力,其他试验条件保持不变。根据预试验中所确定的加速系数对 GJB 899A—2009 的可靠性鉴定试验方案进行修正,这样试验时间为 GJB 899A—2009 原规定试验时间的 1/12。最终试验剖面如图 7-23 所示。

4. 试验结果

　　根据修正后的可靠性鉴定试验方案,并严格依照 GJB 899A—2009 中的相关试验要求开展可靠性鉴定试验。在规定的试验时间内,××舰损管综合监控系统中的相关设备均未出现规定的责任故障,达到加速可靠性鉴定试验的接受条

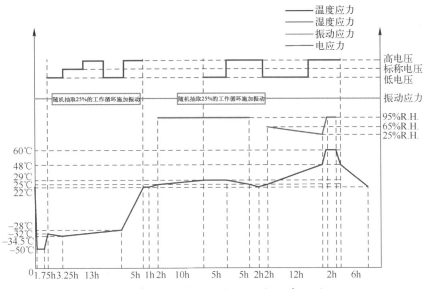

图 7-23　××舰损管综合监控分系统加速可靠性鉴定试验剖面

件,因此可判定该型舰损管综合监控系统中的相关设备达到规定的可靠性指标。

7.4.2　应用案例 2

1. 试验对象

××操舵控制系统变压器组件在服役振动环境下,其电容管脚容易出现疲劳断裂,如图 7-24 所示。该型电路板上共有 8 个大电容,如图 7-25 所示。

图 7-24　××操舵控制系统变压器组件电容管脚断裂现象

图 7-25　××操舵控制系统变压器组件电路板

2. 试验过程

1）扫频试验

首先对试验对象进行正弦扫频试验，扫频的频带范围为 5~2000Hz，目标谱如图 7-26 所示，扫频试验现场如图 7-27 所示。利用安装在振动台面以及电路板上的两个加速度传感器分别获得激励加速度信号和响应加速度信号，得到其传递函数曲线以确定结构的一阶模态频率，结果如图 7-28 所示。从传递函数曲线可以看出，该电路板结构的一阶模态频率约为 85Hz，根据半功率带宽法计算得到其阻尼比约为 0.02。根据公式 $W_H = 2\xi f_1$ 可以计算得到系统的通频带宽约为 3.4Hz。

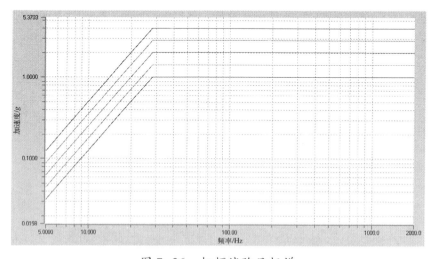

图 7-26　扫频试验目标谱

图 7-27　扫频试验现场

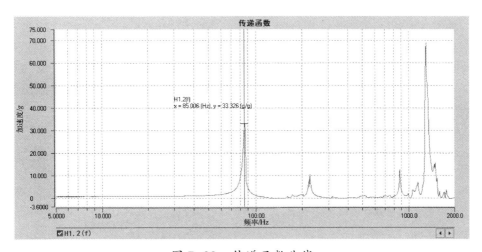

图 7-28　传递函数曲线

2）振动疲劳试验

（1）高斯振动疲劳试验。

由于本案例中采用的试验对象和上一案例的对象都来源于艇类设备，因此在振动疲劳试验中采用的基准谱均为如图 7-21 所示的 GJB 899A—2009 中图 B3.3-4 规定的运输振动频谱，其频带范围为 10～200Hz，包含了结构的一阶模态频率 85Hz，因此可以充分激发结构的振动模态，引起结构振动疲劳。

通过计算，该振动频谱的均方根值（RMS）约为 $10m/s^2$。由于在振动控制中通常采用 g 作为加速度的单位，通过换算得到其均方根值为 $1.05g$。前面的研究结论指出,对于高斯振动激励,影响结构疲劳寿命的主要因素为振动激励在结构一阶模态频率处的功率谱密度量级。对于平直谱,一阶模态频率处的功率谱密度量值容易直接从振动频谱图中获得;而对于图7-21所示的梯形谱,一阶模态频率处的功率谱密度量值需要通过式(7.43)进行计算。通过计算,一阶模态频率85Hz对应的功率谱密度量级约为$0.00588g^2/\text{Hz}$。

$$\frac{10\lg \dfrac{A_1}{A_2}}{\log_2 \dfrac{f_2}{f_1}} = k \tag{7.43}$$

式中:A_1、A_2分别为频率f_1、f_2对应的功率谱密度值;k为直线的斜率,单位是dB/oct,例如图7-21所示的50~200Hz这段直线的斜率,可以通过公式(7.43)计算为-3.01dB/oct。

由于图7-21所示的试验谱在电路板一阶模态频率处的值较小,因此保持振动频谱形状不变,采用整体平移的方法提高振动激励的均方根值来进行加速试验。通过步进摸底试验,发现当加速度的均方根值为$6g$时,电容管脚的断裂时间较为合适,因此将均方根值$6g$的振动频谱作为基准展开高斯振动疲劳试验。通过计算,当均方根值为$6g$时,电路板一阶模态频率对应的功率谱密度值约为$0.20g^2/\text{Hz}$,如图7-29所示。图7-30为RMS=$6g$时的振动激励时域信号。

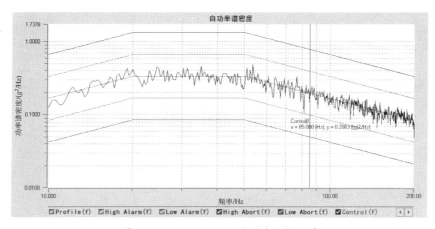

图7-29 RMS=$6g$时的振动频谱

根据图7-15所示超高斯随机振动加速试验策略和流程,需要先保持振动激励频带不变,通过增大振动量级进行多组高斯振动疲劳试验。采用整体平移的方式,将激励的均方根值增大到$6.5g$,此时一阶模态频率对应的功率谱密度值为$0.23g^2/\text{Hz}$,如图7-31所示。图7-32为RMS=$6.5g$时的振动激励时域信号。

200

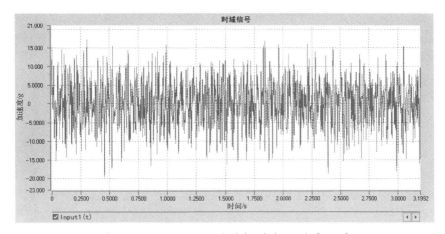

图 7-30　RMS＝6g 时的振动激励时域信号

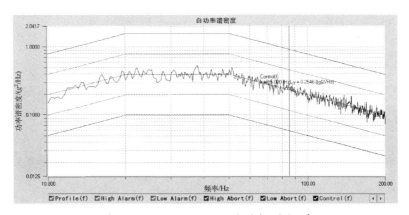

图 7-31　RMS＝6.5g 时的振动频谱

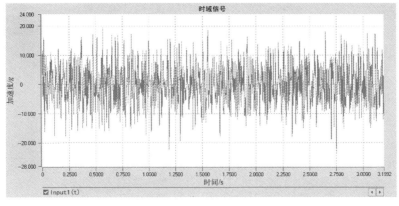

图 7-32　RMS＝6.5g 时的振动激励时域信号

采取同样的方式将均方根值增大到 $7g$,此时一阶模态频率对应的功率谱密度为 $0.27g^2/Hz$,如图 7-33 所示。图 7-34 为 RMS = $7g$ 时的振动激励时域信号。

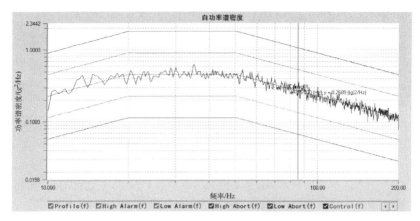

图 7-33　RMS = $7g$ 时的振动频谱

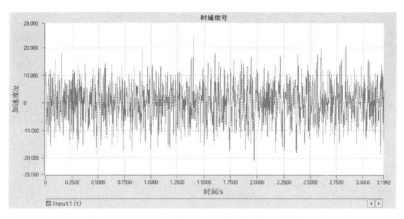

图 7-34　RMS = $7g$ 时的振动激励时域信号

（2）超高斯振动疲劳试验。

根据 7.3 节中的超高斯振动加速试验策略,需完成三组超高斯振动疲劳试验,可以选择保持超高斯振动激励频谱不变,改变超高斯振动激励峭度的方式进行;也可选择保持超高斯振动激励峭度不变,改变超高斯振动激励带宽的方式进行。在这里选择保持超高斯激励峭度值不变而改变激励带宽的方式完成三组超高斯振动疲劳试验。

在均方根值等于 6.5g 的振动频谱的基础上,将激励峭度值调整到 5 并保持不变。图 7-35 为相应的超高斯振动激励加速度时域信号,图 7-36 为加速度响应时域信号,通过计算加速度响应信号的峭度值为 3.2,超高斯特性不甚明显,主要是由于超高斯激励带宽较宽的缘故。

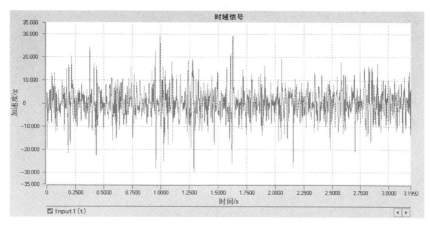

图 7-35　10~200Hz 时超高斯振动激励加速度时域信号

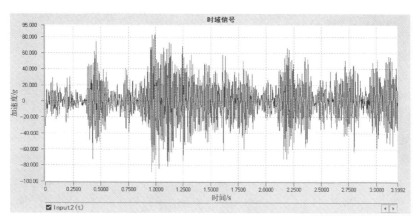

图 7-36　10~200Hz 时加速度响应时域信号

在上述试验的基础上,保持超高斯激励信号峭度等于 5 不变,采取对梯形谱截断的方式来改变激励的带宽。为了保证激励频带覆盖结构的一阶模态频率,首先在 50Hz 和 100Hz 处对梯形谱进行截断,得到带宽为 50Hz 的振动频谱,如图 7-37 所示。图 7-38 为超高斯激励加速度时域信号,图 7-39 为对应的加速度响应时域信号,可以看出具有明显的超高斯特性,通过计算其响应峭度为 3.6。

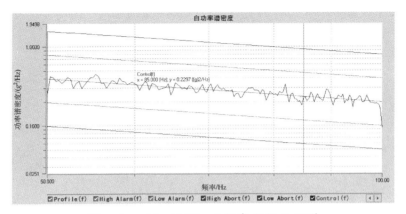

图 7-37　50~100Hz 时超高斯振动频谱

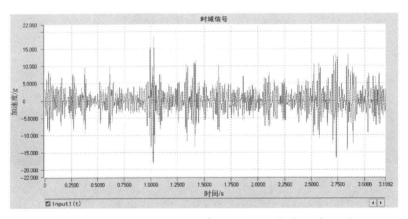

图 7-38　50~100Hz 时超高斯激励加速度时域信号

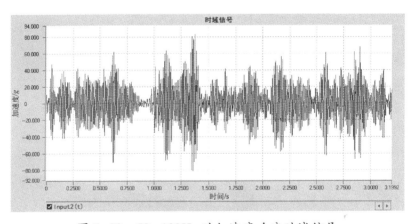

图 7-39　50~100Hz 时加速度响应时域信号

　　采用同样的方式,在 70Hz 和 100Hz 处对阶梯谱进行截断,得到带宽为 30Hz 的超高斯振动频谱,如图 7-40 所示。图 7-41 为超高斯激励加速度时域信号,图 7-42 为对应的加速度响应时域信号,可以看出具有更加明显的超高斯特性,通过计算其峭度值为 4。

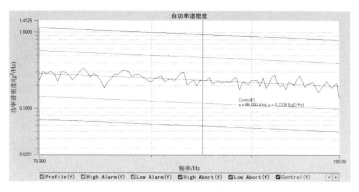

图 7-40　70~100Hz 时超高斯振动频谱

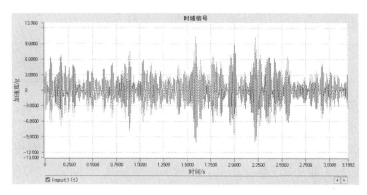

图 7-41　70~100Hz 时超高斯激励加速度时域信号

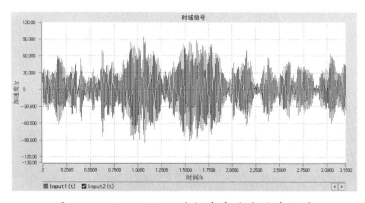

图 7-42　70~100Hz 时加速度响应时域信号

综合上述说明,高斯和超高斯振动疲劳试验方案分别如表 7-12 和表 7-13 所列。

表 7-12　高斯振动疲劳试验方案

试验条件 ＼ 组别	1	2	3
谱型	梯形谱	梯形谱	梯形谱
频带范围/Hz	10~200	10~200	10~200
带宽/Hz	190	190	190
均方根值/g	6	6.5	7
一阶频率处的功率谱密度/(g^2/Hz)	0.20	0.23	0.27

表 7-13　超高斯振动疲劳试验方案

试验条件 ＼ 组别	1	2	3
谱型	梯形谱	斜线谱	斜线谱
频带范围/Hz	10~200	50~100	70~100
带宽/Hz	190	50	30
均方根值/g	6.5	3.7	2.6
一阶频率处的功率谱密度/(g^2/Hz)	0.23	0.23	0.23
峭度	5	5	5

3. 试验结果与参数估计

1）试验结果

在振动过程中,由于电路板与电容之间的相对运动而产生相对位移,在电容的管脚处产生弯曲应力进而导致电容管脚发生疲劳断裂,如图 7-43 所示。为了方便对失效电容的描述,对电路板上的 8 个电容进行编号,如图 7-44 所示。

图 7-43　电容管脚疲劳断裂图

图 7-44　电路板电容编号

在试验过程中通过统计发现,通常情况下电路板上的 1 号和 8 号电容管脚疲劳断裂时间较短,如图 7-45 所示,这与××操舵控制系统变压器组件振动失效模式调研得到的结论是一致的。在振动过程中,由于 1 号和 8 号电容这两处的电容管脚与电路板之间的相对运动更剧烈,进而导致 1 号和 8 号位置的电容管脚先发生疲劳断裂。由于 1 号和 8 号电容位置相对于振动中心对称,因此在统计试验结果时将 1 号和 8 号的疲劳寿命当作同一位置来处理。具体结果如表 7-14 和表 7-15 所列。

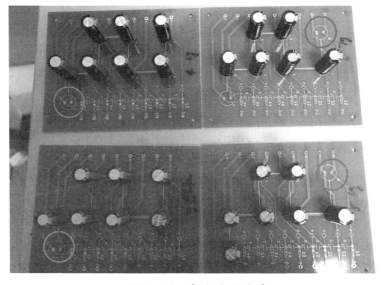

图 7-45　部分失效电容

表 7-14　电路板高斯振动疲劳试验结果

试验条件 ＼ 组别	1	2	3
谱型	梯形谱	梯形谱	梯形谱
频带范围/Hz	10~200	10~200	10~200
带宽/Hz	190	190	190
均方根值/g	6	6.5	7
一阶频率处的功率谱密度/(g^2/Hz)	0.20	0.23	0.27
试验寿命/min	126,140,154,180	66,93,98,114	45,50,57,57
平均寿命/min	150	92	52.25

表 7-15　电路板超高斯振动疲劳试验结果

试验条件 ＼ 组别	1	2	3
谱型	梯形谱	斜线谱	斜线谱
频带范围/Hz	10~200	50~100	70~100
带宽/Hz	190	50	30
均方根值/g	6.5	3.7	2.6
一阶频率处的功率谱密度/(g^2/Hz)	0.23	0.23	0.23
峭度	5	5	5
试验寿命/min	69,78,82,95	57,66,67,70	39,57,63,68
平均寿命/min	81	65	56.75

2）参数估计与验证

根据 7.2.2 节提出的参数估计方法,首先依据高斯振动疲劳试验结果对参数 b 和 k_1 进行估计,得到其估计值分别为 $\hat{b}=7.05$,$\hat{k}_1=0.1494$;再根据超高斯振动疲劳试验结果对参数 η 进行估计,得到其估计值为 $\hat{\eta}=4.1394$。

再选取如表 7-16 所列的振动试验条件对提出的超高斯振动疲劳模型进行验证。

表 7-16　验证试验条件

谱型	频带范围/Hz	均方根值/g	一阶频率处的功率谱密度/(g^2/Hz)	峭度
梯形谱	10~200	4.27	0.1	6

选取 3 个样本开展验证试验,得到疲劳寿命试验结果分别为 25.3h、26.2h 和 27.6h,算得平均试验寿命为 26.3h。再将上述试验条件参数以及参数估计

结果 $\hat{b} = 7.05, \hat{k}_1 = 0.14944$ 和 $\hat{\eta} = 4.1393$ 一起代入式(7.34)所示的超高斯疲劳寿命预测模型中,得到寿命预测值为 1410min,约为 23.5h。与试验结果 26.3h 比较,寿命预测的误差为 10.7%,表明模型预测精度较好,满足工程应用要求。

参考文献

[1] 国家自然科学基金委员会工程与材料科学部. 机械工程学科发展战略报告[M]. 北京:科学出版社,2010.

[2] Miner M A. Cumulative damage in fatigue[J]. Journal of Applied Mechanics, 1945, 12 (3):154-159.

[3] Crandall S H, Mark W D. Random vibration in mechanical systems[M].New York:Academic Press, 1963.

[4] 张贤达. 时间序列分析:高阶统计量方法[M]. 北京:清华大学出版社, 1996.

[5] Allegri G,Zhang X. On the inverse power laws for accelerated random fatigue testing[J]. International Journal of Fatigue, 2008, 30:967-977.

[6] Ashwini Pothula, Abhijit Gupta, Guru R Kathawate. Fatigue failure in random vibration and accelerated testing[J]. Journal of Vibration and Control, 2012, 18(8):1199-1206.

[7] Dennis L. Kern. Dynamic Environmental Criteria[R]//NASA-HDBK-7005. NASA Headquarters, 2001.

[8]　Chaudhury G. Spectral Fatigue Of Broad-Band Stress Spectrum With One Or More Peaks. 1986.

[9] 伍义生. 随机载荷下疲劳损伤计算[J]. 机械科学与技术, 1996, 11:879-882.

[10] Wirsching P H, Light M C. Fatigue under wide band random stress[J]. Journal of Engineering Materials & Technology, 1980, 99(3):1593-1607.

[11] Turan D. Application of computers in fatigue analysis[J]. Coventry:University of Warwick, 1985.

[12] Dirlik T. Application of Computers in Fatigue Analysis[D]. Coventry:The University of Warwick, 1985.

[13] 陈晓平. 线性系统理论[M]. 北京:机械工业出版社, 2011.

[14] 樊平毅. 随机过程理论与应用[M]. 北京:清华大学出版社, 2006.

[15] 盛骤,谢式千,潘承毅. 概率论与数理统计[M].4 版. 北京:高等教育出版社, 2008.

[16] 罗华飞. MATLAB GUI 设计学习手记[M].3 版. 北京:北京航空航天大学出版社, 2014.

第8章

总结与展望

8.1 总 结

当前环境与可靠性试验技术的发展有两个基本趋势：一是朝着更真实的方向发展，即要求试验条件尽可能接近装备的真实服役条件；二是朝着更高效的方向发展，即要求能够用最短的试验时间对装备的寿命和可靠性给出可信的评估或预测。非高斯振动试验这一新型试验技术的提出，就是这一发展趋势在振动试验技术领域的具体体现。本书集中了近10年来我们课题组在非高斯振动试验理论与方法方面的探索和研究成果，可为装备或产品在随机载荷作用下的疲劳寿命分析评估提供技术、方法和平台支撑。主要内容总结如下：

（1）非高斯随机振动环境分析。对国内外各类典型装备的非高斯随机振动环境进行了系统调研和分析，并剖析了非高斯振动环境相关的标准。

（2）非高斯随机振动环境模拟与控制技术。提出两种非高斯随机振动信号模拟与生成方法，以及将相应的生成算法嵌入现有振动试验设备时所涉及的闭环振动控制技术，为后续开展非高斯随机振动疲劳试验研究提供平台支撑。

（3）非高斯随机振动响应分析。以典型结构为对象，开展非高斯单点激励响应分析和基础激励响应分析，揭示激励特性对结构应力响应特性的影响，进而建立了通用的非高斯响应分析过程。

（4）非高斯随机振动疲劳寿命分析。研究了采样频率与疲劳累积损伤计算精度的关系；借鉴高斯窄带随机载荷疲劳寿命计算方法的思路，建立非高斯窄带随机载荷雨流疲劳损伤计算方法；通过将 GMM 模型引入到频域，并结合 Dirlik 公式建立非高斯雨流幅值分布函数，进一步给出了非高斯宽带随机载荷疲劳损伤计算公式。

（5）非高斯随机振动疲劳可靠性分析。将影响随机载荷疲劳损伤不确定性的因素分为外因和内因，其中外因为随机载荷引起的不确定性，内因则为材料或结构自身疲劳特性的随机性。然后综合外因和内因,建立了随机载荷疲劳可靠度期望及置信区间的计算方法。

(6)非高斯随机振动加速试验方法研究。分别针对高斯和非高斯随机振动激励建立了定量的振动疲劳加速试验模型,提出工程实用的振动疲劳加速试验方案和策略,并通过典型应用案例验证了有效性。

8.2　展　　望

非高斯随机疲劳分析与试验技术是结构可靠性和疲劳相关领域的热点和前沿问题,具有重要的学术研究意义和工程应用价值,有许多理论创新与应用转化的问题亟待解决。我们认为,进一步的研究可以重点关注以下几个方面:

(1)进一步研究非平稳非高斯随机载荷作用下结构疲劳寿命及可靠性问题。本书主要研究平稳非高斯随机疲劳寿命及可靠性相关问题,下一步可以开展非平稳非高斯随机疲劳的相关理论、方法和试验技术研究,完善随机疲劳寿命及可靠性分析的理论体系。

(2)进一步研究多轴随机载荷疲劳损伤问题。本书主要研究单轴非高斯随机载荷,而多轴随机应力载荷在工程结构中广泛存在,下一步可以开展多轴非高斯激励下的应力响应计算、多轴非高斯随机载荷疲劳损伤累积理论、多轴非高斯随机载荷疲劳寿命与可靠性分析及相关试验技术的研究。

(3)制定指南与标准推进工程应用。可靠性试验的深入发展和应用需要借助于指南与标准的支持。在深入研究与广泛验证的基础上,尽快编撰制定非高斯振动试验相关技术指南与标准,并通过相关职能部门正式发布实施,为其应用于工程实际提供顶层指导。

内 容 简 介

　　本书较为系统地论述了非高斯随机振动疲劳分析的理论、方法和试验应用，主要内容包括非高斯随机振动环境分析、非高斯随机振动环境模拟与控制技术、非高斯随机振动响应分析、非高斯随机振动疲劳寿命分析、非高斯随机振动疲劳可靠性分析、非高斯随机振动加速试验方法及应用案例等。本书收录了作者科研团队近年来在国家自然科学基金、国家部委预研重点项目的资助下在非高斯随机振动试验技术领域的最新研究成果。

　　本书可为从事结构可靠性技术研究与应用的科研人员提供借鉴，也可为相关专业的博士、硕士研究生提供参考。

　　This book discusses systematically the theory, methods and experimental applications of non-Gaussian random vibration fatigue analysis. The main contents include non-Gaussian random vibration environment analysis, simulation and control technology of non-Gaussian random vibration environment, non-Gaussian random vibration response analysis, non-Gaussian random vibration fatigue life analysis, non-Gaussian random vibration fatigue reliability analysis, non-Gaussian random vibration accelerated test and application cases. This book contains the latest research results of the author's scientific research team in the field of non-Gaussian random vibration test technology under the support of the National Natural Science Foundation and national ministries and commissions pre-research key projects in recent years.

　　This book can provide reference for researchers who are engaged in the research and application of structural reliability technology, and can also provide reference for PhD or Master graduate students in related fields.